電鍋
燉補湯

作 者 榮新診所營養師 **李婉萍**

審訂推薦 世峰中醫診所院長 **陳世峰** 中醫師

〔作者序〕

電鍋輕鬆燉好湯，美味滋補喝健康

　　隨著時序來到秋冬，一般人會選擇喝湯進補，讓身體充滿元氣，度過嚴寒的冬季。而在常人印象中，燉煮一鍋好湯費時費工，先不論食材的準備處理，配合時間控制火候才是最困難的。許多人因此選擇購買現成的外食，但前陣子食安風暴席捲全台，唯有自己下廚，才能確保吃得健康又安心，這時只要備有電鍋，您也能在家輕鬆燉出一道道美味好湯！

喝碗好湯，一年四季增健康

　　中國人自古以來崇尚養生長壽，常有人聽聞某些藥材很補，便盲目地購買食用，而中醫認為：「春季養肝、夏季養心、秋季潤燥、冬季補腎」，一年四季中，選對食材都能燉出一鍋好湯，簡單達到滋養身體的效果。

　　燉湯也是一門學問，將各類食材放入鍋中，大火煮滾、小火慢燉，食材的精華營養隨著時間溶入湯水中，不僅可嚐到食材的鮮美原味，因應不同功效添加的藥材，更讓一鍋湯營養加倍，讓您喝出健康好氣色。

電鍋料理簡單清爽無負擔

　　即便喝湯滋補效果一級棒，看似繁雜的燉湯步驟，往往令人打退堂鼓；但現在您有更好的選擇，利用電鍋就能快速、簡單地在家中燉出好湯，輕鬆讓自己與家人在寒冬中暖身又暖心。

近年來，越來越多人利用電鍋做菜，不僅操作簡單、方便省時外，做菜也能保持清爽不油膩，而因為電鍋蒸、燉的方式，食材烹煮過程中也能保持原味健康，湯品也同樣能運用電鍋燉煮。

電鍋燉湯，營養美味一本通

坊間眾多食譜書讓人目不暇給、無從挑選，別將燉湯想得複雜，簡易作法、食療祕訣一本就通！

本書第一單元介紹燉湯的相關知識、電鍋使用Q&A，以及電鍋燉湯的訣竅，利用電鍋煮湯，不僅簡單、方便、無油煙，食材的精華不流失，美味營養的湯品，主婦、上班族、單身貴族，甚至新手都能輕鬆一手掌握。

第二單元則以食材來區分章節：雞、魚、排骨、豬肉、牛肉、羊肉、鴨肉、蔬菜、甜湯，9大類湯品一應俱全，滿足您的胃口。每章節除了告訴您食材如何選購、保存、處理，還能掌握各食材的食療功效，另附有營養師小叮嚀、美味知識小專欄等，而一道道美味的湯品食譜，作法簡單，一指按下，美味好湯立即上桌。

作者：李婉萍 營養師

現職：
榮新診所營養諮詢組副組長

學經歷：
靜宜大學食品營養系
台北馬偕醫院營養師
台北市第五屆營養師會員代表

著作&審訂：
《孩子健康聰明就要這樣吃》
《瘦身食物排行榜》
《坐月子這樣吃效果佳》
《洗腎飲食全書》
　本書榮獲衛福部國民健康署【健康飲食與運動類】
　健康好書推介獎
《嬰幼兒健康飲食》
　本書榮獲衛福部國民健康署優良健康讀物推介獎

目錄 contents

- 2　作者序
- 8　【10大超人氣經典好湯】
  - 香菇雞湯・人參紅棗雞湯・麻油雞
  - 當歸鴨・薑母鴨・羊肉爐
  - 山藥排骨湯・四神湯
  - 藥燉排骨・燒酒蝦

Part 1　超簡單！用電鍋做養生好湯

- 16　喝湯滋補效果一級棒
- 17　燉好湯的5大要件
- 18　烹調美味湯品的5大原則
- 19　電鍋做菜4大優點
- 20　電鍋煮湯輕鬆上手
- 21　四季喝湯進補重點
- 22　用電鍋煮湯的訣竅解答
  - Q1 哪些食材適合燉補湯？
  - Q2 用豬骨、雞骨和魚骨熬高湯，口感有何差異？
  - Q3 用鮮雞粉能煮出高湯的鮮醇香味嗎？
  - Q4 用紅肉或白肉燉補，何者較營養？
  - Q5 一年四季都適合喝補湯？
  - Q6 飯前喝湯更能幫助消化？
  - Q7 可以只喝補湯不吃湯料嗎？
  - Q8 喝不完的補湯應該如何保存？
- 24　聰明用電鍋真方便
  - Q1 選購電鍋須注意哪些事項？
  - Q2 用電鍋加熱食物，外鍋該加多少水？
  - Q3 使用電鍋料理時，須加內蓋嗎？
  - Q4 哪些容器能用電鍋加熱？
  - Q5 長時間燉煮電鍋料理，須分次加水？
  - Q6 用電鍋做菜，哪些食材須先汆燙？
  - Q7 如何用電鍋，同時煮多道菜呢？
  - Q8 用電鍋煮湯不宜先放調味料？
  - Q9 如何保養電鍋、消除異味？

Part 2　全家人的營養美味好湯

Chapter 1　電鍋快速煮雞湯

廚藝大行家、雞肉小檔案
雞肉食療效果、營養師小叮嚀

- 32　當歸桂圓烏骨雞湯・猴頭菇牛蒡雞湯
- 33　蓮子百合竹笙雞湯
- 34　百合山藥雞湯・燒酒雞

35	百菇燉雞湯	57	土魠魚羹・三絲魚肚羹
36	雙耳紅棗雞湯・五行蔬菜雞肉湯	58	泰式海鮮酸辣湯・花枝鱈魚海鮮湯
37	金針雞湯・紅蘿蔔馬蹄雞湯	59	鮮蝦海帶芽湯・南瓜什錦海鮮湯
38	鳳梨苦瓜雞湯・芥菜雞湯	60	豆芽海瓜子湯・紫菜豆腐銀魚湯
39	黑豆蓮子燉雞腿	61	鮮魚味噌豆腐湯
40	紅棗枸杞煲雞腿・竹蔗茅根清雞湯		**Chapter 3** 電鍋燉好排骨湯
41	核桃蜜棗雞湯		廚藝大行家、排骨小檔案 排骨食療效果、營養師小叮嚀
42	牛蒡紅棗雞湯・美顏膠原鳳爪湯	66	玉米排骨湯・蓮子海帶排骨湯
43	金銀花雞腳湯	67	龍骨茭白湯
44	銀杏蓮實雞翅湯・無花果雞翅湯	68	蓮藕海帶排骨湯・南瓜百合排骨湯
45	馬蹄燉鳳翼	69	紅豆蓮藕排骨湯・黑豆薏仁排骨湯
	Chapter 2 電鍋簡單熬魚湯	70	花生木瓜排骨湯・牛蒡排骨湯
	廚藝大行家、魚類小檔案 魚類食療效果、營養師小叮嚀	71	苦瓜排骨湯
50	紅棗枸杞鱸魚湯・沙參玉竹燉鰻魚	72	荷葉排骨湯・紅棗竹筍排骨湯
51	當歸虱目魚湯・鮮魚薑絲湯	73	魷魚排骨湯・當歸九孔燉排骨
52	蘆筍奶油鮭魚湯・香栗黑豆鯉魚湯	74	排骨酥羹・苦瓜酸菜煲軟骨
53	砂鍋魚頭煲	75	木瓜燉猴菇排骨湯
54	豆苗魚片湯・番茄洋芋煲魚湯	76	什錦排骨鍋・紅茄羅宋排骨湯
55	南瓜海鮮羹	77	香滷肉骨茶
56	松茸蛤蜊羹・魩魚莧菜羹		

Chapter 4　電鍋輕鬆燉豬肉湯

廚藝大行家、豬肉小檔案
豬肉食療效果

- 80　三絲豆腐羹・枇杷銀耳鮮肉湯
- 81　雪梨荸薺瘦肉湯
- 82　黃豆芽番茄肉片湯・猴頭菇肉片湯
- 83　髮菜肉丸湯
- 84　竹笙干貝豬腱湯・西洋參菊花煲豬腱
- 85　花膠豬腳湯
- 86　菠菜枸杞豬肝湯
- 87　養生豬肝湯・四物豬肝湯
- 88　黨參當歸燉豬心・紅棗枸杞燉豬心
- 89　杜仲腰花湯

Chapter 5　電鍋輕鬆燉牛肉湯

廚藝大行家、牛肉小檔案
牛肉食療效果

- 92　牛肉羅宋湯・阿膠燉牛腩
- 93　泡菜牛肉鍋
- 94　白蘿蔔杞菊牛腱湯
- 95　川芎紅棗牛腱湯・腰果牛腱湯
- 96　牛肉蔬菜湯・番茄蘆筍玉竹牛肉湯
- 97　雪蛤牛肉湯
- 98　竹笙核桃蘋果牛肉湯・鮮蔬牛骨湯
- 99　首烏牛肉湯

Chapter 6　電鍋輕鬆燉羊肉湯

廚藝大行家、羊肉小檔案
羊肉食療效果

- 102　山藥紅棗燉羊肉・山藥枸杞羊肉湯
- 103　山藥益氣羊肉煲
- 104　當歸生薑羊肉湯・當歸枸杞羊腩湯
- 105　腐竹羊腩煲
- 106　艾草羊肉湯・蒜香羊肉片湯
- 107　參耆羊肉湯・時蔬羊肉湯
- 108　薑絲羊肉羹
- 109　蔬菜羊肉鍋

Chapter 7　電鍋輕鬆燉鴨肉湯

廚藝大行家、鴨肉小檔案
鴨肉食療效果

- 112　酸菜鴨湯・脆瓜鴨湯
- 113　冬瓜鴨肉湯
- 114　青紅蘿蔔燉老鴨湯
　　　北耆陳皮燉老鴨湯

115 芡實燉老鴨
116 山藥當歸鴨肉湯・金針鴨肉湯
117 芋香鴨肉煲・陳皮燉水鴨
118 蟲草煲鴨湯
119 冬筍鴨絲羹

Chapter 8 電鍋煮鍋蔬菜湯

廚藝大行家、蔬菜小檔案
蔬菜食療效果、營養師小叮嚀

123 酸辣湯
124 翡翠百菇羹・百合海帶松菇湯
125 百菇大補湯
126 鮮菇豆腐筍片湯・什錦蔬菜湯
127 紅蘿蔔海帶湯
128 防癌蔬菜湯・薏仁鮮蔬湯
129 番薯葉豆腐羹
130 牛蒡山藥蓮藕湯・鮮蔬豆腐湯
131 什錦豆腐湯
132 高麗菜豆腐湯・黃瓜鮮湯
133 鮮蔬豆腐蛋花湯
134 莧菜豆腐羹
135 蘑菇蔬菜奶香濃湯
　　奶油薏仁蔬菜湯

Chapter 9 電鍋溫暖上甜湯

廚藝大行家、五穀雜糧小檔案
五穀雜糧食療效果、營養師小叮嚀

139 青木瓜甜湯・薑汁紅豆湯圓
140 八寶粥
141 甜薯銀耳湯
142 百合銀耳湯・雙耳冰糖飲
143 冰糖雪耳蓮藕
144 黨參紅棗蓮子湯
145 紅豆番薯湯・紅棗桂圓湯
146 雞蛋紅糖小米粥・香甜枸杞酒釀蛋
147 南瓜牛奶西米露
148 黑糖老薑地瓜湯・蓮子百合紅豆沙
149 紅豆蓮藕紫米粥
150 **營養師推薦**：健康明星食材大推薦
154 **中醫師介紹**：燉補常用藥材小百科

10大超人氣經典好湯

① 養顏美白＋補氣降壓

香菇雞湯

熱量 569 大卡

材料： 雞肉塊320克，香菇70克，竹筍35克，薑片15克

藥材： 乾竹笙20克

調味料： 鹽1/2小匙，紹興酒1大匙

作法：

1. 材料洗淨。雞肉塊汆燙，撈出瀝乾；竹筍去殼切片；乾竹笙泡軟，切段備用。
2. 所有材料、藥材和水放入內鍋，外鍋加1杯水，煮至開關跳起，加調味料拌勻即可。

滋補功效

雞肉是低熱量、高蛋白的營養肉品。香菇富含對人體有益的營養物質，如維生素D，能幫助骨骼發育，提升免疫力。

② 生津潤燥＋順暢氣血

人參紅棗雞湯

熱量 2608 大卡

材料： 全雞1隻（約5斤）

藥材： 參鬚4～5支，紅棗5顆，枸杞15克

調味料： 鹽1小匙

作法：

1. 藥材洗淨備用。全雞洗淨，放入滾水中汆燙，撈出瀝乾。
2. 所有材料、藥材和水放入內鍋，外鍋加2杯水，煮至開關跳起，加鹽調味即可。

滋補功效

人參含有豐富的多醣體、胺基酸及維生素，對於神經、血管系統，均有良好的調節功效，還能延緩細胞和器官的老化。

❸ 溫補強身＋促進血液循環

麻油雞

熱量 2608 大卡

材料： 土雞600克，老薑片30克

調味料： 黑麻油3大匙，鹽、冰糖各1/4小匙，米酒200c.c.

作法：

1. 土雞洗淨，放入滾水中汆燙，撈出瀝乾。
2. 以麻油熱鍋，薑爆香，加入土雞，炒至變色，加酒、水。
3. 煮滾後，將作法2移入內鍋，外鍋加2杯水。
4. 煮至開關跳起，加鹽、冰糖拌勻即可。

滋補功效

土雞屬於高蛋白、低脂肪的食物，富含維生素A、B群，是產後滋補的佳品。且麻油具有溫補的作用，可促進子宮的血液循環。

❹ 潤燥滑腸＋增強體力
當歸鴨

熱量 372 大卡

材料：鴨肉300克，薑片10克，黑棗6顆
藥材：當歸20克，枸杞10克，黃耆5克
調味料：鹽1小匙，米酒240c.c.

作法：
1. 鴨肉洗淨剁塊，放入滾水中汆燙，撈出瀝乾；黑棗、藥材泡水洗淨，備用。
2. 所有材料、藥材和水放入內鍋，外鍋加1又1/2杯水，煮至開關跳起，加調味料拌勻，續燜10分鐘即可。

滋補功效
鴨肉滋陰養胃，能促進傷口和體力復原，增加身體的抵抗力。當歸香氣濃郁，具有補血、潤燥滑腸等功效，能改善心悸、失眠等症狀。

---

❺ 行氣活血＋滋陰補虛
薑母鴨

熱量 394 大卡

材料：紅番鴨200克，老薑100克
藥材：川芎、甘草各5片，紅棗10顆，枸杞5克，桂枝10克
調味料：鹽、冰糖各1小匙，米酒200c.c.

作法：
1. 鴨洗淨剁塊，汆燙撈出沖淨；藥材洗淨，裝入棉布袋中。
2. 老薑連皮洗淨，切8片，其餘老薑塊打汁，濾渣。
3. 作法1、2和米酒、水放入內鍋，外鍋加2杯水。
4. 煮至開關跳起，加鹽、冰糖調味即可。

滋補功效
川芎能行氣活血、防止動脈硬化，可保護肝臟，改善經痛。鴨肉滋陰補虛，能維持體內酸鹼平衡，幫助心血管正常運作。

❻ 潤腸通便＋強健體魄

羊肉爐

熱量 2714 大卡

材料：帶皮羊肉塊1000克，薑片150克，高麗菜100克，凍豆腐2塊，豆皮50克，金針菇20克，紅辣椒1支，蔥段5支，羊肉爐藥材1包

調味料：米酒5大匙，麻油1大匙

作法：

1. 食材洗淨；高麗菜、豆皮切小塊。
2. 以麻油熱鍋，爆香蔥段、薑片和紅辣椒，放入羊肉塊炒勻。
3. 作法2、藥材包、米酒和水放入內鍋，外鍋加2杯水，開關跳起後加入其他材料，外鍋加1杯水，煮至開關再度跳起即可。

滋補功效

羊肉的蛋白質、脂肪含量豐富，可溫補腸胃、增強體力；還能增加胃中消化酶的分泌，保護胃壁，幫助消化，改善虛寒體質。

❼ 防癌抗老＋改善體質
熱量 **585** 大卡

山藥排骨湯

材料：山藥300克，排骨塊150克，薑片、枸杞各10克，毛豆20克

調味料：鹽1小匙，香油1/2小匙，米酒15c.c.

作法：
1. 排骨汆燙後沖淨；山藥去皮，切長條。
2. 排骨、薑片、水放入內鍋，外鍋加1杯水，煮25分鐘。
3. 放入其餘材料續煮5分鐘，再加調味料拌勻即可。

滋補功效

山藥中的皂苷有助體內胰島素運作，可維持體重；另含維生素K，搭配排骨食用，能促進鈣質吸收。

❽ 健脾補腎＋溫補暖身
熱量 **764** 大卡

四神湯

材料：豬小排300克，豬肚100克，四神藥材1包，薑片20克

調味料：鹽1小匙，米酒30c.c.

作法：
1. 藥材浸水2小時，瀝乾；豬小排洗淨，切段，汆燙沖淨。
2. 豬肚洗淨，去除黏液，汆燙後切小段。
3. 所有材料、米酒和水放入內鍋，外鍋加2杯水，煮至開關跳起，加鹽拌勻。

滋補功效

四神湯中的蓮子、茯苓、山藥等藥材，可健脾、補腎、利溼。此道湯品屬於溫和平補的食療方，適合一般人日常養生食用。

❾ 促進代謝＋健胃補腎

藥燉排骨

熱量 771 大卡

材料：豬小排300克，山藥200克，去殼菱角50克，薑片20克，十全藥材1包

調味料：鹽1/2小匙，米酒3大匙

作法：

1. 山藥洗淨，去皮切塊；豬小排切塊，汆燙後撈出沖淨。
2. 所有材料和水放入內鍋，外鍋加1又1/2杯水。
3. 煮至開關跳起，加調味料拌勻即可。

滋補功效

山藥含大量黏液蛋白，可增強免疫力、促進新陳代謝。菱角富含澱粉與纖維質，食用後可增加飽足感，具有健胃補腎等功效。

❿ 壯陽補腎＋活血化瘀

燒酒蝦

熱量 363 大卡

材料：鮮蝦300克，薑片50克，大蒜6瓣，燒酒蝦藥材1包

調味料：鹽1/2小匙，胡麻油3小匙，米酒1000c.c.

作法：

1. 鮮蝦去腸泥洗淨，汆燙。
2. 所有材料（鮮蝦除外）、酒、水放入內鍋，外鍋加1/2杯水。
3. 煮至開關跳起後，將蝦子放入內鍋，外鍋加1/2杯水。
4. 開關再次跳起後，加鹽、麻油拌勻即可。

滋補功效

藥材包中的當歸有活血化瘀、增加免疫力的作用。鮮蝦富含蛋白質和礦物質，具有壯陽補腎、降低膽固醇等功效。

超簡單！
用電鍋做養生好湯

如何燉湯最容易？燉湯有哪些訣竅？
解答您所有疑惑，關鍵就在電鍋中。
只要有電鍋，就能輕鬆燉好湯，美味營養又安心！

作者：李婉萍 營養師

現職：
榮新診所營養諮詢組副組長

學經歷：
靜宜大學食品營養系
台北馬偕醫院營養師
台北市第五屆營養師會員代表

著作&審訂：
《孩子健康聰明就要這樣吃》
《瘦身食物排行榜》
《坐月子這樣吃效果佳》
《洗腎飲食全書》
　本書榮獲衛福部國民健康署【健康飲食與運動類】
　健康好書推介獎
《嬰幼兒健康飲食》
　本書榮獲衛福部國民健康署優良健康讀物推介獎

喝湯滋補效果一級棒

俗話說：「肉管三天，湯管一切。」我們吃下肚的食物，頂多只能在體內發揮3天的保健作用，但用相同食材烹煮出來的湯，卻能產生更持久的保健功效。因為湯品食材在長時間的燉煮過程中，營養成分已溶入湯中，更易被人體吸收！

溫補

特色：以溫補食材製作的湯品，有促進氣血循環、溫暖身體、振奮精神之效，可改善手腳容易冰冷的狀況。

代表食材
雞肉、牛肉、栗子、海參、南瓜、杏仁等。

涼補

特色：以涼補食材製作的湯品，具有清熱降火、涼血及鎮靜、消炎的作用，適合熱性體質或體內燥熱上火時食用。

代表食材
絲瓜、苦瓜、番茄、冬瓜、蓮子、海帶等。

熱補

特色：熱補湯品具有舒筋活血、促進代謝、改善體質等作用，常搭配熱性藥材增強補性，吃多容易上火。

代表食材
麻油雞、薑母鴨、羊肉爐、十全大補湯等。

平補

特色：平補食材性質溫和，不易引起相剋或過敏，製成湯品後，具有益氣補血、消除疲勞、安定神經等保健作用。

代表食材
紅棗、枸杞、香菇、蓮藕、豬肉、桂圓等。

各種湯品保健功效

【雞湯】
對抗感冒大功臣

雞湯可充分保留湯料中的維生素與礦物質，對於感冒和支氣管炎，具有良好的防治作用，適合日常保健補身。

【排骨湯】
防止老化最有效

排骨湯含易吸收的鈣離子、膠原蛋白、豐富的胺基酸及脂肪，可加強骨髓生長細胞的能力，改善老化症狀。

【蔬菜湯】
排毒效果看得見

蔬菜湯能溶入蔬菜營養素，吸收後會產生鹼性物質，維持鹼性體質；並溶解體內毒物、隨尿液排出體外。

燉好湯的5大要件

要怎麼樣才能燉鍋好湯，只要跟著以下步驟，保證不會出錯，讓您輕鬆喝到健康美味的湯品！

1 材料的清洗

除了蔬菜瓜果，所有的肉類都要先經過汆燙這個步驟，事先把肉骨中雜質分解出來，沖洗乾淨之後再燉湯，才能保持湯頭的清澈純淨。如果肉品沒有經過汆燙程序就下鍋，不僅湯的顏色和味道會改變，湯頭也會變得混濁，影響口感和視覺。

2 煮湯的水量

一般人燉湯，最常碰到的問題就是不知如何計算水量，水放少怕不夠喝，水放多則擔心淡而無味。提供一個簡單的基本水量公式：喝湯人數乘以每人要喝的碗數。為避免長時間燉煮造成水量減少，除基本水量外，需多加10％水，也要避免中途加水，以免破壞湯頭的鮮美。

3 火候的控制

燉湯要滾水下材料，燉湯剛開始時，要用大火滾煮約20分鐘，下材料後就要轉小火燉，這樣食材才會煮得軟爛，營養也能充分釋出。燉煮過程中，不可隨便加冷水，因為正在鍋中加熱的肉類，遇冷會收縮，肉中蛋白質不容易溶解，湯頭便會失去原有的鮮味。如果在燉湯途中遇到水量不足的話，可以加入煮滾的熱水，以免湯汁驟然降溫。

4 湯鍋的選擇

燉湯以「砂鍋」的效果最佳，因為砂鍋的保溫性、密封性俱佳，不僅能維持湯水滾沸的熱度，更能使肉類很快軟爛。家裡如果沒有陶製的砂鍋，用耐熱的玻璃器皿也可以。
千萬不要選用鐵鍋或鋁製的鍋子，這類鍋子在長時間燉湯後容易產生一股金屬異味，有時候也會跟湯料互相起化學作用，影響湯頭的香醇和美味，即使是加厚的不鏽鋼鍋，還是不要使用比較好。

5 不能太早加鹽

燉湯過程中太早加鹽，會使肉類的蛋白質凝固，導致湯頭顏色變暗，甚至變混濁，影響口感和美觀。一般來說，為保持湯頭清澈，大鍋燉湯中可以不必加任何調味料，等到燉湯完成，再撈出湯料，將湯盛入碗中單獨調味，以保持鍋中的湯頭原味。

烹調美味湯品的 5 大原則

中式料理講究湯頭鮮美，清湯要淡雅爽口、高湯要鮮醇濃郁、燉湯要原汁原味，令人齒頰留香！要煮出一鍋好喝的湯，一點都不難。只要採買新鮮的食材，運用正確的烹調方式，注意完美的湯水比例等，就能喝到美味鮮嫩的湯頭！

原則 1　煮湯食材要新鮮

不管煮什麼湯，首要條件就是材料一定要新鮮。新鮮食材的質地、口感、味道、色澤，以及營養成分，都是任何調味料或人工添加物無法製造出來的。

原則 2　確實執行烹調步驟

許多人以為只要將所有材料放入湯鍋，加入足夠水量就能煮湯。其實，有些材料則須先爆香，才能釋出香味；有些材料須先汆燙，或需要較長時間煮透，否則無法產生口感。要煮出一鍋美味的湯，務必確實執行每個烹調步驟。

原則 3　避免次要配料喧賓奪主

燉煮湯品時，應掌握主要食材的原始風味，即使因個人口味與食譜分量略有出入，稍作調整也沒有關係；但不可讓次要配料喧賓奪主，甚至掩蓋掉主要食材的原有風味。

原則 4　注意湯品保存衛生

忽冷忽熱的湯最容易滋生細菌，烹煮過的熱湯，溫度應保持在60℃以上；冷湯則應冷藏在7℃以下。如熱湯逐漸冷卻，暴露在室溫中也不宜超過1小時，且避免用不潔器具舀動。如果在半冷半熱時，曾經打開鍋蓋舀動過，最好再次煮滾，確保衛生。

原則 5　適時運用調味料

鹽、糖、胡椒粉等調味料，通常在湯品烹調完成時，才加入湯中；而蔥、薑、蒜等辛香料，則在烹調過程中加入。若已使用高湯，並依正確步驟熬煮完成，可不再加任何調味料，以利存放及運用，待加工煮成家常湯時再加調味料，味道會更香濃。

電鍋做菜4大優點

電鍋是居家必備的廚房好幫手，功能多樣化，能加熱、保溫、蒸燉菜餚，也能煮湯。使用電鍋既方便又無油煙，不但符合健康飲食新概念，也讓現代人在繁忙的生活裡，能輕鬆烹煮一頓美味的料理。

優點 ❶ 簡易好操作

電鍋操作方法很簡單，無論加熱或斷熱，全部集中在一個開關按鍵，只要按下開關即可加熱，沒有繁複的料理過程，是廚房新手輕鬆上手的小家電。

優點 ❷ 清爽無油煙

電鍋加熱的原理是用水做媒介，高溫蒸發熱氣循環對流，把鍋中食物煮熟。烹飪過程只會產生大量的水蒸氣，沒有炒菜鍋常見的油煙，能維持菜餚清爽的滋味，符合現代人追求低脂、少油的健康概念。

優點 ❸ 方便又省時

使用電鍋燉肉或煮湯，只要在外鍋加入比較多的水量，就可以進行慢火燉煮。由於電鍋本身具有防止乾燒的自動斷電設計，即使食材需要長時間加熱，使用者也不必在旁邊等候，既安全又方便。

優點 ❹ 原味好健康

電鍋料理採用的是隔水蒸煮的間接加熱法，較能充分保留食物的原汁原味，不像一般鍋具以爐火直接燒煮，很容易把食物的營養揮發掉。所以，用電鍋做菜可以保留食物較多的營養。

正確使用電鍋看這裡

❶ 消毒除臭吃健康

每隔一段時間，用小蘇打粉或是白醋水清洗電鍋，才能消除食物殘留的異味。

❷ 保護內鍋不變形

使用電鍋後，宜用海綿清潔；勿使用鋼刷或硬毛刷，以免刮傷內鍋。

❸ 維持乾燥不發霉

電鍋用畢，要把鍋底多餘水分倒掉、擦乾，避免產生異味、發霉。

❹ 外鍋電源不碰水

清洗電鍋時，外鍋電源不可碰到水，以免故障。

❺ 電鍋保溫不超時

電鍋熱源維持過久，易減損功能；一般食物保溫不宜超過6小時，以免食物腐壞。

電鍋煮湯輕鬆上手

同樣利用電鍋燉湯,為什麼有些人煮的湯喝起來很可口,有些人煮的湯卻總是少了點味道?其實,只要在烹調時多留意一些小細節,就能為燉湯美味加分!

1 內鍋應擺在電鍋正中央

內鍋置放的位置太接近鍋緣,可能會接收到熱蒸氣沿鍋蓋滴落的水珠,稀釋湯汁濃度,影響食材鮮味。因此,內鍋一定要擺放在電鍋正中央,食材加熱才會比較均勻。

2 食材醃拌汆燙步驟不可少

使用電鍋燉煮雞肉、牛肉、豬肉或海鮮時,可先醃漬入味,讓醬料滲入食材中。必須長時間燉煮的肉類,若能事先汆燙,不僅可以去除雜質、血水和腥味,還能縮短燉煮時間。

4 調味料不宜太早加入

電鍋菜的調味料,須等食材全部煮熟才能加入,因調味料中的鹽分,會使肉類蛋白質凝固,肉質緊縮變硬,不再鮮美可口。此外,調味料中帶有揮發香氣的蔥、薑、蒜和酒類,太早加入也會散發,最好等開關跳起後再放入,才能發揮作用。

5 辛香料先爆香再燉煮

蔥、薑、蒜等辛香料直接放入鍋中燉煮,香氣可能不夠濃郁,可先以炒鍋爆香,再加入其他食材一起燉煮。甚至也能把電鍋外鍋當平底鍋使用,按下開關加熱,即可爆香、加水燉煮。

3 內鍋材料不超過8分滿

用電鍋煮湯時,內鍋水量可視需要自行添加,但材料加入後,最好不要超過8分滿,以免加熱過程中,因水滾沸而滿溢出鍋外,造成底部黏鍋或燒焦,影響美味。

四季喝湯進補重點

一年四季都可以燉湯進補,但由於氣候差異、對應人體器官的不同,滋養各器官的藥膳食材也會有所差異,掌握四季進補重點,用一碗好湯呵護您的健康!

春季 養肝保健

春天在五行中屬木,是個生機蓬勃,萬物復甦的季節,人體各器官功能活躍,此時在藥材的選擇上,應選用溫養陽氣之品,如西洋參、山藥、黃耆等。春天是養肝的季節,食物選擇上可選菠菜、芹菜,以樂觀開朗的心情迎接這個季節,進而使肝氣順達,氣血活絡。

秋天 去燥養肺

秋季在五行中屬金,因燥氣重,溼度偏低,可酌量選食百合、白木耳、桂圓、紅棗等食物,調補脾胃,益氣養血,對體質虛弱、脾胃不和者有所助益。
秋天是個養肺、護大腸、保養肌膚的季節,可選食白色的梨子、杏仁、甘蔗、豆漿等食物。

盛夏 涼補養心

夏季在五行中屬火與土,陽氣盛實,人也容易浮躁,宜選用涼補藥材,如麥門冬、薏仁、蓮子等。
夏天適量吃些具消暑、退熱、提神等功效的苦味食物,例如苦瓜、苦菜、苦茶等,不僅能解暑去熱,還可增進食慾;夏天是養心與脾胃的季節,可以選擇紅色的番茄、洛神花、蔓越莓,對心臟血液循環系統非常有助益。

冬季 滋補養腎

冬季在五行中屬水,冬季滋補是中國人的一種傳統習慣,此時滋補最有利吸收儲存,對身體健康最有利,不妨利用活血補氣的藥材,如人參、當歸、黃耆等,來加速新陳代謝。
冬天是個養腎的季節,可選擇黑芝麻、黑豆、何首烏、黑米等,除此之外,冬天應該慎防中風及感冒。

用電鍋煮湯的訣竅 解答

自己動手煮湯真幸福，本篇蒐羅煮湯常會遇到的疑難雜症，幫助您煮一鍋最美味、最健康、最營養的好湯！

Q1 哪些食材適合燉補湯？

可以用來燉湯的肉類材料有很多種，例如雞肉、豬肉、牛肉，以及羊肉、鴨肉，甚至鮮魚、田雞等，都適合燉湯。至於蔬菜的種類就更多了，雖然各個季節盛產的蔬菜瓜果不同，只要選擇得宜，一年四季都能喝到美味健康的蔬菜湯。

中藥材方面，常用的是紅棗、枸杞、淮山（山藥）、芡實、百合等，幾乎能添加到任何補湯中，都是非常滋補的藥材。

Q2 用豬骨、雞骨和魚骨熬高湯，口感有何差異？

高湯的功能與醬汁差不多，皆能輔佐湯料快速入味，增加醇厚的口感。一般而言，「豬骨」油膩且體積較大；「雞骨」湯汁清爽，用量需多一些才能熬出風味；「魚骨」味鮮但不易取得，若處理不好容易產生腥味。

針對食材不同的特性，取其優點、修正缺失，就能不費力地熬出鮮美好喝的高湯。

Q3 用鮮雞粉能煮出高湯的鮮醇香味嗎？

來不及製作高湯時，有人會添加鮮雞粉，來彌補鮮味的不足，但仍不如高湯鮮甜。因為高湯熬煮的時間夠長，能讓肉骨材料自然釋出鮮味，湯頭喝起來較為柔和順口；而一般的湯烹煮時間太短，只能把湯中的材料煮熟，即使加了鮮雞粉，喝了反而容易口乾舌燥，且建議少吃人工添加物，對健康較有保障。

Q4 用紅肉或白肉燉補，何者較營養？

紅肉、白肉皆富含蛋白質和礦物質，一般燉補湯較常使用紅肉，如牛肉、羊肉、豬肉或鴨肉，因其脂肪較多，適合長時間熬煮，但其腥味也比較重。在滋補效果上，紅肉的鈣、鋅、鐵含量較豐富，具有補血、強筋健骨和補充體力等功效。

雞肉為白肉的代表食材，可提供人體所需蛋白質和不飽和脂肪酸，用來補氣養血、提高免疫力等。由此可知，以紅肉或白肉燉補，營養價值各有千秋，可視自身需求做選擇。

Q5 一年四季都適合喝補湯？

一般人以為喝湯暖身，最適合冬天進補，其實，一年四季都能利用補湯養生。如春天容易過敏，夏天容易上火，秋天易患皮膚病，冬天容易感冒、四肢冰冷等，這些惱人的小毛病，會耗損身體的活力，倘若受到病毒入侵，甚至會引發較嚴重的疾病。

中醫認為：「春季養肝、夏季養心、秋季潤燥、冬季補腎。」可見一年四季都有滋補的需要，尤其是季節轉換之際，身體最為敏感，須特別注意食補保健。適當選擇當季食材燉湯，不但能針對個人需求調整體質，還能達到預防疾病的補益效果。

Q6 飯前喝湯更能幫助消化？

很多人習慣飯後喝湯，認為這樣有益於消化，其實並不盡然。俗話說：「飯前喝湯，苗條健康；飯後喝湯，越喝越胖。」吃飯前先喝湯，等於讓肚子墊了一點東西，不但可避免過量進食；同時也能潤滑消化道，使食物容易下嚥，幫助消化，並能防止乾硬的食物刺激人體消化道黏膜。如果飯後喝湯，反而容易吸收過多的脂肪和營養，導致肥胖，影響健康。

Q7 可以只喝補湯不吃湯料嗎？

雖然說湯水中已經溶入食物的營養，但是喝湯時，若能連同湯料一塊吃下，發揮的功效會更好；尤其在缺乏胃口、食慾不振的時候，準備能補充澱粉質的地瓜、山藥、芡實，以及可提供蛋白質的魚肉、豬肉、蛋類等食材來煮湯，更適合把湯料吃下，如此一來，一餐所需的營養就已足夠。

Q8 喝不完的補湯應該如何保存？

有時候燉了一大鍋補湯，可能1天之內喝不完。此時，最好將想要保存的補湯另外存放，不要添加任何調味料，直接放入冰箱冷凍庫保存，這樣可以存放較久些。如果隔天就要將剩下的補湯食用完畢，也可以直接倒入陶瓷鍋碗中，放入冰箱冷藏。

若欲保存高湯，應充分過濾、冷卻才能保存，防止溫度冷熱不一，造成湯頭酸敗。並可分成小包裝，放入密封式保鮮容器，置於冰箱冷凍庫保存，以便每次取1小包使用。

聰明用電鍋真方便

Q1 選購電鍋須注意哪些事項？

電鍋的原理是利用底部電熱管加熱，使外鍋中的水燒滾，利用蒸氣的熱力循環，煮熟菜餚。電熱管是一台電鍋的靈魂，購買電鍋時，最好選擇外鍋一體成型，底部電熱管無縫隙，不會藏汙納垢，清洗時也不易沾濕者。使用完畢後，外鍋內部可用水清洗，但電鍋外表只能用濕布擦拭，不可水洗，以免水分浸濕開關，損壞鍋具。

Q2 用電鍋加熱食物，外鍋該加多少水？

一般來說，外鍋加水量與內鍋食材多寡，以及易熟程度有關。若以電鍋所附的量米杯做為標準，外鍋加1杯水，加熱時間大約為20～25分鐘。外鍋的水加得越多，食材燉煮的時間就越長，所以，若想燉煮久一點，外鍋就要加更多的水量。

Q3 使用電鍋料理時，須加內蓋嗎？

用電鍋燉煮料理時，如能加上內蓋，材料的香味就不易因長時間燉煮而流失。再者，燉煮的時間必須充足；倘若燉煮時間太短，食材就不容易煮軟，煮好的補湯也會缺少香濃的特質，影響食用時的風味。

Q4 哪些容器能用電鍋加熱？

電鍋可用容器包括：耐熱玻璃、陶瓷器皿、不鏽鋼製品、木製品、竹製品等，還可選用一些耐熱的紙盒。但不可使用塑膠碗盤，塑膠材質在高溫下，會釋放一些化學有毒物質，還會產生臭味，因而影響食材美味和食用安全。

Q5 長時間燉煮電鍋料理，須分次加水？

外鍋加水量不僅和燉煮時間有關，也會影響料理的美味；但若必須長時間燉煮時，也不要一次加入過多水量，以免水滾沸過度，溢出鍋外造成危險。可採取分次加水的方式，先放2杯水煮至開關跳起，等稍微冷卻後再倒2杯水繼續燉煮。

Q6 用電鍋做菜,哪些食材需先汆燙?

因為電鍋的操作方式很簡單,只要按下開關後,便無須頻繁掀蓋翻動。為了保持食材的鮮嫩度,下列3種情形必須事先汆燙:

❶ 食材太過肥厚

如牛腱或九孔,直接蒸煮要花費較長時間,容易導致肉質過老,唯有事先汆燙,才能縮短蒸煮時間,維持Q彈口感。

❷ 食材腥味較重

如腸肚等內臟類食材,或會釋出血水的帶骨肉類,事先汆燙可去除腥味。

❸ 食材熟度不同

同時使用多種食材時,有些比較快熟、有些比較慢熟,最好能夠事先汆燙,再放入電鍋一次蒸熟。

Q7 如何用電鍋,同時煮多道菜呢?

要用電鍋同時烹煮多道菜餚,可試試以下方法:

首先,可以用內鍋烹煮一道帶湯水的菜;在中間架入腳架後,就可以使用深一點的碗盤,放上第2道菜;碗口架上2支方形的筷子,再擺上第3道菜,這樣便能同時烹煮3道菜餚。

其次,還可以善用電鍋所附的蒸盤或腳架,將菜餚一層層疊起,如此可避免蒸煮過程中水分流失,並防止食物互相串味。

另外,也能添購電鍋專用的蒸籠,直接套在外鍋上,同時疊上兩、三層,也可以達到一次蒸煮多道菜的作用。

疊盤時,由於電鍋的最下層受熱較快,可放入需要長時間燉煮的湯水類食物;最上層則應放置容易煮熟的食物,不但可以隨時取出,也比較容易控制食物的熟度。

Q8 用電鍋煮湯不宜先放調味料?

許多人用電鍋滷煮食物,習慣同時加入食材、調味料,再按下開關一次煮好,但煮湯就不能這麼做了。太早放鹽會鎖住肉汁,使肉類的鮮味和營養,無法完全釋放到湯中,使得湯頭風味欠佳,所以用電鍋煮湯,一定要等開關跳起,才能加調味料。

Q9 如何保養電鍋、消除異味?

電鍋不但是一種鍋具,具有蒸煮食物的功能,同時也是盛裝食物的容器,不論內、外鍋都可直接放入食材進行烹飪,所以,鍋具要經常保持清潔衛生。

在外鍋、鍋身部分,可用海綿蘸少許牙膏塗在表面,再用乾淨抹布擦拭乾淨。至於內鍋,可使用檸檬或白醋,再加熱水浸泡一段時間;將髒水倒掉後,再用乾淨的抹布擦拭,即可常保光亮如新。

Part 2 全家人的營養美味好湯

用電鍋燉好湯，享受溫馨時光。一指按下，輕鬆搞定100道美味湯品。好湯百變風情，喝不膩的幸福饗宴，寵愛自己、呵護家人，快來碗暖呼呼的補湯吧！

作者

現職：
榮新診所營養諮詢組副組長

學經歷：
靜宜大學食品營養系
台北馬偕醫院營養師
台北市第五屆營養師會員代表

著作&審訂：
《孩子健康聰明就要這樣吃》
《瘦身食物排行榜》
《坐月子這樣吃效果佳》
《洗腎飲食全書》
  本書榮獲衛福部國民健康署【健康飲食與運動類】
  健康好書推介獎
《嬰幼兒健康飲食》
  本書榮獲衛福部國民健康署優良健康讀物推介獎

Chapter 1　電鍋快速煮雞湯

▓▓ 雞肉湯品

雞肉營養價值高，能補氣活血、強筋健骨，對消水腫、產後復原等情況，皆有助益。喝湯可促進咽喉及支氣管黏膜的血液循環，及時清除呼吸道的病毒。臥床病患或身體虛弱的人，都適合多喝雞湯補充元氣。

 ## 廚藝大行家

達人教您挑雞肉

❶ **仔細看**：新鮮雞肉的肉質光滑、表皮呈黃白色、毛孔突出，沒有黏液，看起來不會有出水或黯淡無色的情況，且包裝上會貼有「防檢局屠宰衛生合格」的標誌。
❷ **試觸感**：用手指按壓新鮮雞肉後，肉會立刻彈回來，不會凹陷下去。
❸ **聞味道**：新鮮雞肉沒有特殊異味，且腥味也較不強烈。

處理雞肉有一套

❶ 將雞肉放在水龍頭下，用清水將肉及內臟的血水搓洗乾淨，再將多餘脂肪摘除即可。
❷ 如果想要快炒，可選擇肌肉纖維長的雞胸肉；若想燉煮或油炸，可選擇脂肪含量較高的雞腿肉。若想用醬汁醃漬雞肉，可將原先使用的醬汁倒掉，加入新醬汁烹煮。

保存雞肉這麼做

儲存前，先將雞肉洗淨，吸乾多餘水分後放入密封袋中。如置於冰箱冷藏，溫度要設定在5℃以下，放在最下層，並在下面放一盤子接住滴下的水滴，以免血水汙染冰箱，滋生細菌；如欲冷凍，溫度則要設定在零下18℃以下，而且最好在2天內料理完畢。

雞肉小檔案　活血益氣 + 滋補強身

種類：土雞、烏骨雞、白肉雞、閹雞
食療功效：增強體力、消除疲勞、強健筋骨、促進生長發育
主要營養成分：蛋白質、醣類、維生素A、B群、鈣、鉀、鐵、磷

雞肉食療效果 Q&A

Q 只喝雞湯無法攝取完整營養素？

燉煮雞湯時，雞肉的營養成分，如鈣質、蛋白質、維生素等會溶解於湯中，容易為人體吸收、利用，可知雞湯是很營養的食品。但是絕大部分的營養素仍存於雞肉中，如果光喝湯不吃肉，等於捨棄其他的營養成分，使人體無法獲得完整的營養素；因此，喝雞湯雖能品嚐美味，仍須連肉一起吃，才能攝取到全部的營養素。

Q 吃雞胸肉有利減肥？

雞肉的脂肪含量低，且不健康的飽和脂肪酸較牛、豬肉少，減肥菜單中，多選擇雞肉取代其他肉類。然而，並非所有雞肉部位都有利於減肥。尤其是三節翅的脂肪含量，遠較其他部位高，減肥時應避免食用。若想擁有飽足感，又不願攝取過多熱量時，則可選擇蛋白質含量較豐富的雞胸肉，食用後既能均衡營養，也不容易發胖。

Q 為何雞肉對青少年的成長發育很有幫助？

雞肉含有豐富的蛋白質，熱量低，容易被人體吸收、利用，有益於兒童與青少年成長發育；如果日常飲食中缺少蛋白質，不僅會導致成長發育遲緩，還可能出現貧血、體重減輕等症狀。雖說吃雞肉有不少好處，仍須注意不能過量。根據研究發現，雞肉的荷爾蒙含量高，攝取過多會導致性早熟，甚至有致癌風險。

雞肉部位名詞大解析

料理雞肉之前,首先要看懂食譜內所列的雞肉部位名稱,以免買錯影響料理的美味,因為不同部位,配合不同的炸、烤、煮、蒸、炒等烹調方式,就會呈現不同口感的菜餚,所以必須認識常用的雞肉部位。

全雞

購買全雞時,應選擇胸部膨脹、肉質鮮明、雞腳較短者,且要注意雞的腳跟,如果腳跟過凸,就表示雞肉的肉質較老。要烹調全雞時多半選購小母雞,因為小母雞的肉質較為軟嫩。

雞腿

選購雞腿肉時,宜選肉厚實有光澤、肉色透明且外皮有黃色、毛孔突出者較為新鮮。由於雞腿肉多、筋也多,常運用在切丁爆炒。用雞腿料理時,通常要先去骨,切下來的骨架也是燉湯的好材料。

棒棒腿

棒棒腿為雞腿的下半部位,即從膝關節到踝關節間的位置。無論燒、烤、煮、燉、炸都很適合,而且較雞腿更容易醃漬入味。

雞胸肉

不帶骨且不連皮的雞胸肉,適合做成雞絲,用以涼拌及快炒,雞胸肉要剝成雞絲時,最好用手順著紋路剝開,避免用刀切,雞絲才不容易散開。帶骨的雞胸肉則適合熬煮高湯。

雞翅

雞翅最適合以炸、烤、滷的方式烹調,此外,因為雞翅有層皮質,容易產生腥味,必須先去腥再料理,才能保有美味口感。

食神撇步

大廚傳授雞湯美味祕訣

1. 燉雞湯時，可選擇肉質較緊密的土雞；在燉湯前，須先將土雞塊放入滾水中汆燙去血水，避免湯汁混濁不清澈。
2. 雞胸肉可剁成肉末煮成蔬菜濃湯，營養可口又容易消化，放入電鍋時須讓肉末散開，勿黏成一堆，以免肉末沉澱造成黏鍋，產生焦味，影響美味。
3. 汆燙雞肉時，可加入一點檸檬汁去腥味。

營養師小叮嚀

1. 雞湯中含有雞油，且多屬飽和脂肪酸，心血管疾病患者須慎食，避免增加體內脂肪，影響心血管健康。
2. 雞湯嘌呤（普林）含量高，不適合痛風患者進補，以免加重病情。
3. 飲食必須低蛋白、少鹽的急性腎炎、腎功能不全患者，因雞湯的鉀離子含量高，可能會增加腎臟的負擔，導致病情加重，故不宜食用。

美味知識小專欄

1. 雞肉營養豐富，想攝取較多蛋白質，卻害怕脂肪的人，可以吃雞胸肉；需補充蛋白質、脂肪者，可吃雞腿肉、雞皮。
2. 欲多吸收膠原蛋白的人，可食用雞軟骨、雞腳；想多攝取鐵質者，可吃雞肝、雞心。總之，可根據自身需求食用不同部位，以獲取不同的營養。

補血養顏＋滋補肝腎

當歸桂圓烏骨雞湯

熱量 1391 大卡

材料：烏骨雞半隻（約3斤），桂圓肉15粒，薑2片
藥材：當歸10克，紅棗5顆
調味料：鹽1小匙
作法：
① 藥材、桂圓肉洗淨備用。烏骨雞洗淨切塊，汆燙後撈出瀝乾。
② 所有材料、藥材和水放入內鍋，外鍋加1杯水，煮至開關跳起，加鹽調味即可。

滋補功效

當歸能活血潤腸、調理經痛。烏骨雞的蛋白質、礦物質含量，較一般雞肉高，且熱量較低，具有滋補肝腎、增進氣血之效。

清熱解毒＋整腸健胃

猴頭菇牛蒡雞湯

材料：雞半隻（約3斤），牛蒡200克，猴頭菇5朵，薑片5克
藥材：淮山3片，陳皮1片，枸杞1大匙
調味料：鹽1小匙
作法：
① 材料洗淨。猴頭菇泡軟；牛蒡去皮切片。
② 藥材洗淨。陳皮泡軟，去除白色苦瓤；雞汆燙後沖淨瀝乾。
③ 所有材料、藥材和水放入內鍋，外鍋加1又1/2杯水，煮至開關跳起，加鹽調味即可。

滋補功效

猴頭菇能清熱解毒，維護眼睛、心血管的健康。牛蒡富含膳食纖維，可整腸健胃、排除宿便。

熱量 1614 大卡

養心安神＋健脾開胃

蓮子百合竹笙雞湯

熱量 **3030** 大卡

材料：全雞1隻（約5斤），蓮子70克，蜜棗2顆
藥材：乾竹笙4條，百合20克
調味料：鹽1小匙

作法：
1. 乾竹笙洗淨泡軟，切小段；蓮子、百合、蜜棗泡水洗淨。全雞洗淨，汆燙後撈出瀝乾。
2. 所有材料、藥材和水放入內鍋，外鍋加2杯水，煮至開關跳起，加鹽調味即可。

滋補功效
蓮子能健脾益腎、養心安神。百合滋陰補身、潤肺止咳。竹笙則有鎮痛、補氣和降血壓的作用。此道湯品健脾開胃，適合體虛者食用。

潤肺化痰＋幫助消化

百合山藥雞湯

熱量 **738** 大卡

材料：雞肉塊280克，百合80克，山藥150克，猴頭菇30克，白木耳、枸杞各10克

調味料：紹興酒20c.c.，鹽1/2小匙

作法：
1. 山藥去皮洗淨切塊；猴頭菇、白木耳均泡軟洗淨。
2. 百合剝瓣洗淨；雞肉塊洗淨汆燙，瀝乾。
3. 所有材料、紹興酒和水放入內鍋，外鍋加1杯水，煮至開關跳起，加鹽拌勻。

滋補功效

山藥含有黏液蛋白、澱粉酶，可幫助消化，經常食用能改善虛弱體質，具有益氣補脾、潤肺化痰的功效。百合則有潤澤肌膚的效果。

清肺生津＋補益五臟

燒酒雞

材料：雞肉200克，薑10片

藥材：人參50克，枸杞10克，紅棗10顆，白果100克

調味料：鹽1小匙，米酒200c.c.，胡麻油50c.c.

作法：
1. 雞肉洗淨汆燙；藥材沖淨。
2. 胡麻油熱鍋，放入薑片炒香，加入雞肉炒至7分熟。
3. 將作法2、藥材和米酒放入內鍋，外鍋加1杯水，煮至開關跳起，加鹽拌勻。

滋補功效

人參有滋陰潤燥、清肺生津的功效，能滋補五臟、安定神經，改善感冒虛咳等症狀。薑性溫味辛，有發汗散寒、預防感冒的作用。

熱量 **1052** 大卡

養顏明目＋強肝抗老

百菇燉雞湯

熱量 **729** 大卡

材料：雞肉380克，娃娃菜150克，美白菇80克，洋菇70克，鴻喜菇、花菇各50克，枸杞5克

調味料：鹽1/2小匙，紹興酒2大匙

作法：
1. 材料洗淨。菇類切塊；娃娃菜汆燙後撈出。
2. 雞肉切塊，放入滾水中汆燙，撈出瀝乾。
3. 所有材料和水放入內鍋，外鍋加1又1/2杯水。
4. 煮至開關跳起，加調味料拌勻即可。

滋補功效

菇類富含蛋白質，可提供人體必需胺基酸、鉀。娃娃菜鮮嫩甜美，能增強抵抗力、消除疲勞。枸杞則具有美容養顏、明目抗老的功效。

清腸排毒＋滋陰潤燥

雙耳紅棗雞湯

熱量 620 大卡

材料：雞胸肉約 300 克，薑 1 片，乾白木耳 2 朵，乾黑木耳 4 朵，紅棗 10 顆

調味料：鹽 1 小匙

作法：

❶ 雞胸肉洗淨，汆燙後撈出瀝乾。乾白木耳、乾黑木耳泡水洗淨後，撕成小塊。
❷ 所有材料和水放入內鍋，外鍋加 1 杯水。
❸ 煮至開關跳起，加鹽調味即可。

滋補功效

白木耳和黑木耳營養成分相近，但黑木耳所含的鐵質和膠質吸附力比較強；白木耳的鈣和磷含量比較多，一起食用功效更完整，兼具養顏美容的效果。

補血強身＋防癌排毒

五行蔬菜雞肉湯

熱量 549 大卡

材料：雞胸肉約 300 克，玉米塊 200 克，紅蘿蔔塊 150 克，山藥塊 30 克，綠花椰菜 20 克，黑木耳 3 片

調味料：鹽 1 小匙

作法：

❶ 材料洗淨。雞胸肉汆燙；黑木耳泡水撕小塊；綠花椰菜切小朵。
❷ 所有材料和水放入內鍋，外鍋加 1 又 1/2 杯水，煮至開關跳起，加鹽調味即可。

滋補功效

此道湯品含 5 種蔬菜，紅色養眼明目；黃色提升免疫力；綠色強肝排毒；白色預防三高；黑色補血強身。常喝五行蔬菜湯有助防癌。

除煩解躁＋安定情緒
金針雞湯

熱量 204 大卡

材料：雞胸肉約150克，乾金針20克，薑2片，乾黑木耳10克
調味料：鹽1小匙
作法：
1. 雞胸肉洗淨，汆燙後撈出瀝乾。乾金針、乾黑木耳用清水泡軟，撈出瀝乾。
2. 所有材料和水放入內鍋，外鍋加1杯水。
3. 煮至開關跳起，加鹽調味即可。

滋補功效
黑木耳含鐵量高，可強化造血功能、改善貧血。金針能安定情緒、除煩解躁，並能改善失眠、增強視力。此道湯品適合工作繁忙、高壓的現代人食療養生。

清熱降火＋益氣防癌
紅蘿蔔馬蹄雞湯

材料：雞胸肉150克，荸薺15顆，紅蘿蔔150克
藥材：淮山40克，無花果2粒
調味料：鹽1小匙
作法：
1. 雞胸肉洗淨，汆燙後撈出瀝乾。
2. 荸薺、紅蘿蔔去皮洗淨，切塊。
3. 所有材料、藥材和水放入內鍋，外鍋加1又1/2杯水，煮至開關跳起，加鹽調味即可。

滋補功效
荸薺含有一種抗菌成分「荸薺英」，對金黃色葡萄球菌、大腸桿菌均有抑制作用。多喝此道湯品，可以生津降火、增強體魄。

熱量 337 大卡

抑制腫瘤＋減輕發炎

熱量
775
大卡

鳳梨苦瓜雞湯

材料：雞腿 2 隻，苦瓜 250 克，
　　　　鳳梨塊 50 克
調味料：醬鳳梨 2 大匙
作法：
❶ 雞腿洗淨，放入滾水中汆燙，撈出瀝乾；苦瓜洗淨剖開，去籽切塊。
❷ 所有材料、調味料、水放入內鍋，外鍋加 2 杯水，燉煮至開關跳起。

滋補功效

苦瓜含有維生素C和苦瓜鹼，對於腫瘤有抑制效果，是很好的抗癌食材。鳳梨中的蛋白酵素，則能減輕體內的發炎症狀，使血液流動順暢。

滋陰潤燥＋潤肺養胃

芥菜雞湯

熱量
417
大卡

材料：雞腿 300 克，芥菜心 150 克，
　　　　小魚乾 50 克，薑 30 克
藥材：沙參 30 克
調味料：鹽 1/2 小匙
作法：
❶ 雞腿洗淨剁塊，汆燙後撈出瀝乾。
❷ 芥菜心剝片洗淨、切塊；沙參洗淨。
❸ 所有材料、藥材和水放入內鍋，外鍋加 1 杯水，煮至開關跳起，加鹽拌勻即可。

滋補功效

芥菜心能去油解膩、淨化血液、消除體內毒素。沙參具清熱退火、潤肺養胃的效果，搭配雞肉煮湯，有滋陰潤燥的作用。

養腎利尿＋抗老降壓

黑豆蓮子燉雞腿

熱量 671 大卡

材料：雞腿300克，黑豆35克，乾蓮子20克
藥材：淮山3片，陳皮1/4片
調味料：鹽1小匙
作法：
① 雞腿洗淨汆燙，撈出瀝乾；陳皮泡軟，去除白色苦瓤。
② 黑豆、淮山、乾蓮子洗淨泡水，撈出瀝乾。
③ 所有材料、藥材和水放入內鍋，外鍋加1又1/2杯水，煮至開關跳起，加鹽調味即可。

滋補功效

黑豆能利尿、軟化血管、促進血液循環，減輕腎臟負擔；還含有豐富的維生素A、E，能增強免疫力，預防未老先衰的情形發生。

明目養肝＋補氣活血
紅棗枸杞煲雞腿

熱量 627 大卡

材料：土雞腿 500 克，薑 4 片
藥材：花旗參 50 克，紅棗 20 克，枸杞 10 克
調味料：鹽 1 小匙，米酒 50c.c.
作法：
1. 土雞腿洗淨，氽燙後撈出瀝乾。
2. 紅棗、枸杞均泡水至發脹，備用。
3. 所有材料、藥材、米酒和水放入內鍋，外鍋加 2 杯水，煮至開關跳起，加鹽拌勻即可。

滋補功效
雞腿熱量低，是補充蛋白質的最佳食材，具補氣活血、恢復精力等作用。枸杞則可明目養肝，並有降低膽固醇、增強免疫力等功效。

清熱降火＋生津潤燥
竹蔗茅根清雞湯

熱量 649 大卡

材料：雞腿 1 隻，紅蘿蔔 1 條，竹蔗（甘蔗）200 克，白茅根 40 克，蜜棗 30 克
調味料：鹽 1/4 小匙
作法：
1. 雞腿洗淨，放入滾水中氽燙，撈出備用。
2. 茅根、蜜棗洗淨；紅蘿蔔去皮洗淨切塊；竹蔗去皮洗淨切段。
3. 所有材料和水放入內鍋，外鍋加 2 杯水，煮至開關跳起，加鹽拌勻即可。

滋補功效
茅根是清熱的食材，能有效清除體內過多的熱氣，清潤又滋養，適合四季飲用，尤其夏天更為適合，是日常居家常備的保健湯品。

益智補腦＋補腎潤肺

核桃蜜棗雞湯

熱量 **658** 大卡

材料：雞腿1隻，核桃仁50克，
　　　　蜜棗40克，陳皮1片

調味料：鹽1/4小匙

作法：

1. 雞腿洗淨切塊，汆燙後撈出；蜜棗沖淨備用。
2. 核桃清洗乾淨，放入熱水中汆燙，備用。
3. 所有材料和水放入內鍋，外鍋加1杯水，煮至開關跳起，加鹽拌勻即可。

滋補功效

核桃常用來燉湯，中醫認為核桃能補腎、潤肺、健腦益智；此外，對一些經常在半夜尿尿的孩童或大人也有幫助，可改善頻尿的症狀。

熱量 259 大卡

健胃整腸＋排除毒素

牛蒡紅棗雞湯

材料：棒棒雞腿2隻，牛蒡30克，牛蒡茶包1包
藥材：黃耆2片，紅棗6顆
調味料：鹽1小匙
作法：
1. 棒棒雞腿洗淨，汆燙後撈出瀝乾。
2. 藥材泡水洗淨；牛蒡洗淨，去皮切片。
3. 所有材料、藥材和水放入內鍋，外鍋加1杯水，煮至開關跳起，加鹽拌勻即可。

滋補功效

牛蒡含有豐富的醣類，具有健胃整腸、消除脹氣等作用，其中所含寡醣與膳食纖維，能清除宿便、加速腸道排毒、降低膽固醇，有效預防便祕。

美白潤膚＋活血補氣

美顏膠原鳳爪湯

材料：雞腳8隻，豬腱220克，花膠50克，白木耳30克，薑3片
藥材：紅棗6顆，乾淮山3片
調味料：鹽1小匙
作法：
1. 雞腳、豬腱洗淨，汆燙瀝乾；淮山、白木耳洗淨，泡水瀝乾。
2. 花膠泡水後，用薑蔥水汆燙至軟。
3. 所有材料、藥材和水放入內鍋，外鍋加2杯水，煮至開關跳起，加鹽調味即可。

滋補功效

花膠和白木耳皆富含膠質，花膠更富含蛋白質、磷和鈣質，能固本培元、補氣活血。白木耳則能滋潤肌膚，多吃可以養顏美容，強身健體。

熱量 463 大卡

清熱解毒＋健脾潤肺
金銀花雞腳湯

熱量 **202** 大卡

材料： 雞腳6隻，金銀花、枸杞各10克，陳皮1/4片

調味料： 鹽1/4小匙

作法：
1. 雞腳洗淨，汆燙後撈出備用；枸杞沖洗浸泡，瀝乾；陳皮浸泡至軟，刮掉白色苦瓤。
2. 枸杞、陳皮、雞腳和水放入內鍋，外鍋加1杯水，開關跳起後，放入金銀花，外鍋再加1/4杯水煮至開關跳起，加鹽調味即可。

滋補功效
金銀花含有多種抑菌的生化物質，可清熱解毒、疏通經絡，搭配陳皮、枸杞燉煮，有健脾潤肺、幫助氣血運行等保健作用。

美肌潤膚＋改善體質

熱量 606 大卡

銀杏蓮實雞翅湯

材料：雞翅6隻，蓮子35克，芡實15克
藥材：白果15顆，紅棗5顆
調味料：鹽1小匙
作法：
1. 雞翅洗淨，放入滾水中汆燙，撈出瀝乾。
2. 白果剝殼去皮；紅棗洗淨；蓮子、芡實洗淨，泡水瀝乾。
3. 所有材料、藥材和水放入內鍋，外鍋加1又1/2杯水，煮至開關跳起，加鹽調味即可。

滋補功效
白果對於氣喘、咳嗽有一定療效，搭配蓮子和芡實煮食，可改善虛弱體質。雞翅富含膠質，具美肌潤膚功效，適合愛美女性食用。

潤腸排毒＋美顏益膚

無花果雞翅湯

材料：雞翅5隻，無花果10粒，蜜棗20克，蘋果3顆
藥材：沙參、玉竹各30克
調味料：鹽1/4小匙
作法：
1. 雞翅洗淨汆燙；沙參、玉竹洗淨泡水，撈出瀝乾；無花果切半，蘋果洗淨切半。
2. 所有材料、藥材和水放入內鍋，外鍋加1又1/2杯，水煮至開關跳起，加鹽調味即可。

滋補功效
無花果富含果膠和膳食纖維，能有效吸附腸道的有害物質並排出體外，有助便祕患者通便潤腸。雞翅則含有膠質，可潤澤肌膚。

熱量 1262 大卡

清熱化痰＋補氣強身

馬蹄燉鳳翼

熱量 504 大卡

材料：雞翅4隻，荸薺150克，乾香菇50克，無花果2粒，薑片20克，去油雞高湯1000c.c.

調味料：鹽1/2小匙

作法：
1. 雞翅洗淨，汆燙3分鐘後撈出，以冷水沖涼。
2. 荸薺去皮洗淨；香菇泡水，去蒂洗淨；無花果洗淨。
3. 全部材料放入內鍋，外鍋加1又1/2杯水，待開關跳起，加鹽調味即可。

滋補功效

荸薺具有清熱化痰的作用。雞翅富含蛋白質，可促進肌肉細胞生長，補充體力，且熱量較低，是青少年、孕婦最佳的滋補湯品。

Chapter 2 電鍋簡單熬魚湯

魚類湯品

魚肉口感滑嫩細緻、容易消化,富含蛋白質、多元不飽和脂肪酸(DHA、EPA),適合一般人食用。要下鍋煮湯的魚,由於烹調時間較長,最好選擇肉質強韌、有彈性的魚類,以免因久煮變得軟爛、碎散,影響口感。

廚藝大行家

達人教您挑魚類

1. **魚體**:鮮魚富有彈性,不會一摸就軟化或下陷;魚肚也沒有異常膨脹的現象。
2. **魚鱗**:鱗片應緊貼魚身,外觀完整無脫落,並帶有光澤,肉質才新鮮。
3. **魚眼**:魚眼清澈透亮、飽滿圓潤,無破損凹陷者才較新鮮。
4. **魚鰓**:鰓蓋內部應呈鮮紅色;若為暗紅色甚至變黑,代表變質,不可選購。

處理魚類有一套

1. **去魚鱗**:料理前須刮除魚鱗;若鱗片較堅硬,抹上白醋靜置15分鐘後,即可輕易刮除。
2. **去魚鰓**:將魚鰓蓋片掀開,直接用手拉出,再用刀尖剔除或剪刀剪掉即可。
3. **去內臟**:在魚下腹部劃一刀,摘除內臟,洗淨內腔;不可弄破魚膽,以免影響風味。
4. **切魚片**:體型較大的魚,須順著魚肉紋理切成魚片,烹調後魚肉才不會鬆散斷裂。

保存魚類這麼做

保存鮮魚前,須將魚鱗及內臟處理乾淨,並擦乾魚隻身上的水分,抹上少許米酒後,再密封冷藏或冷凍,即可維持較佳的鮮度。

魚類小檔案　　益智健腦＋促進發育

種類：鱈魚、鯽魚、鯛魚、鮭魚、鱸魚、鯖魚等
食療功效：強健筋骨、消除疲勞、美容護膚、增強免疫力
主要營養成分：蛋白質、維生素A、D、鈣、鉀、鎂、磷

魚類食療效果 Q&A

Q 吃魚肉能補腦、增強智力？

大部分魚類含有DHA、EPA，為多元不飽和脂肪酸，是組成細胞及細胞膜的主要成分，能使腦神經細胞傳導順暢，提高腦部活力，對大腦發育、提升視力、抑制發炎、防止腦部退化等，都有明顯的作用。

適量攝取沙丁魚、鮪魚、青花魚、秋刀魚等深海魚類，對於腦部正在發育的嬰幼兒至青少年階段，或孕婦、中老年人，都是最佳的補腦食物。

Q 喝魚湯能抗憂鬱，使人心情愉悅？

研究發現，魚類含有一種特殊的脂肪酸－Omega-3不飽和脂肪酸，具有緩解精神緊張、平衡情緒等作用；而多元不飽和脂肪酸DHA、EPA，對改善心情沮喪、緩解憂慮症狀，亦有良好的效果。平常應該定期攝取各種魚類，以對抗憂鬱情緒，使人經常保持好心情。多吃魚肉還能調整體質、增強抵抗力。

Q 多吃魚能促進生長發育？

魚肉富含蛋白質，且8、9成都可以被人體吸收；加上魚肉的蛋白質肌纖維構造短，結締組織較少，因此口感滑嫩細緻、容易消化，適合幼兒及老年人多多食用。

蛋白質有幫助幼兒生長發育、傷口癒合、修補人體組織的功效，其所含的維生素A、D、E，對於牙齒、骨頭、皮膚黏膜等生長發育，都有關鍵性的影響。

海鮮的採買與處理

鮮蝦

應選購蝦頭、蝦身無鬆脫情形，摸起來肉質緊實有彈性，且蝦殼具有光澤，眼睛圓凸飽滿者為佳。
處理時先剪去蝦鬚及尖刺，及腹部的腳，接著挑除腸泥，去蝦頭及殼後，可切成蝦肉片。
若購買後不馬上烹調，應先剪去蝦鬚、蝦腳、抽除腸泥後，一隻隻放入保鮮袋中冷凍保存。

貝類

應挑選外殼完整無破裂、肉足會伸縮殼外、無臭味者；或取數顆貝類互相敲擊，聲音鏗鏘者較為新鮮。
蚌殼內的沙會影響食用口感，須先放入盆中加水浸泡，待其吐沙乾淨；牡蠣則放入水中輕輕搓洗，洗去髒汙即可。
若購買後不立即食用，先泡入鹽水中約2小時後，用溼報紙包起放入密封袋中，再放入冰箱冷藏，並於2天內料理完畢。

頭足類

應選購皮膜鮮豔有光澤，用手觸摸有光滑感，且肉質厚實有彈性者；或是觀察觸角或吸盤是否帶有黏性，黏性越強就越新鮮。
烹煮前應先挑除墨囊、吸盤及內臟，並注意別將墨囊弄破；外膜和軟骨也須去除。
保存前需徹底清除內臟，沖洗乾淨，擦乾水分後，再以保鮮膜包好，放入冰箱冷藏2～3天，或冷凍1個月。

螃蟹

應選購蟹身完整，蟹腳沒有斷裂或脫落者；手指按壓蟹腹，感覺結實微凸，顏色鮮豔明亮，帶有光澤感，若殼邊有變紅跡象，表示鮮度較差。
活蟹可先冷藏使其冬眠，再取出刷淨外殼，以剪刀剪去蟹蓋，挖除胃袋及鰓等內臟，用水沖洗乾淨，再將眼、嘴剪除，拭乾水分即可。
活蟹最好馬上食用。可放入熱水中汆燙，瀝乾水分，待涼後分裝放入冷凍庫中保存，建議2天內料理完畢。

食神撇步

大廚傳授魚湯美味祕訣

❶ 用薑絲或薑片烹煮魚湯,最能提出魚的鮮美原味。有時候也可以加入少許滋補的中藥材,如紅棗、枸杞、黃耆或人參鬚等,嚐起來別有一番風味。

❷ 使用魚頭、魚骨熬煮成的魚高湯,代替清水來料理魚湯,味道更棒!

營養師小叮嚀

❶ 有過敏體質的人,要特別注意魚的新鮮度;須限制飲食的痛風患者,也要小心魚的高普林,可能會引起身體不適,必須適量食用。

❷ 1星期至少要吃2次魚,尤其是富含Omega-3脂肪酸的深海魚種。平日飲食勿偏重某一種魚類,應輪流吃不同的魚類,可保持營養均衡。

美味知識小專欄

❶ 烹煮魚湯時,可將魚隻短暫浸泡在稀釋的檸檬汁中,再用清水沖淨,即可去除魚腥味;也可將拍碎的薑、蔥塞入魚肚,再加些酒,亦可去除腥味。

❷ 剛從冷凍庫拿出來的魚,須連同外包裝浸泡於溫水中,或用流動的清水反覆澆淋,待充分退冰後再料理,才能使魚肉均勻受熱,保持鮮美滋味。

養顏美白＋清熱退火

紅棗枸杞鱸魚湯

熱量 1177 大卡

材料：鱸魚 600 克，冬瓜 300 克，薏仁 50 克，薑絲 20 克，蔥 1 支
藥材：南杏 20 克，枸杞 5 克，川芎 6 片，紅棗 6 顆
調味料：鹽 1 小匙
作法：
1. 鱸魚洗淨切塊；冬瓜洗淨，去皮切塊。
2. 藥材洗淨；薏仁泡水；蔥洗淨切段。
3. 所有材料、藥材和水放入內鍋，外鍋加 1 杯水，煮至開關跳起，加鹽拌勻即可。

滋補功效

鱸魚含鈣質、維生素A，可預防感冒、抗癌。冬瓜富含維生素和礦物質，可養顏美白、清熱退火；另有利尿效果，可排出多餘水分。

補虛養血＋潤肺止咳

沙參玉竹燉鰻魚

熱量 918 大卡

材料：鰻魚 1 條，薑 20 克，桂圓 75 克
藥材：玉竹、沙參各 120 克，淮山 100 克，當歸 1 片，參鬚 2 根
調味料：鹽 1 小匙，米酒 50c.c.
作法：
1. 鰻魚放血洗淨，用太白粉洗去黏液，汆燙後撈出。藥材洗淨；薑洗淨切片。
2. 所有材料、藥材和水放入內鍋，外鍋加 2 杯水，煮至開關跳起，加調味料拌勻即可。

滋補功效

白鰻有補虛養血的功效，豐富的鈣質和維生素A，可明目、抗老。沙參具抗癌功效，能發揮清熱退火、潤肺止咳的效果。

養顏美容＋調經止痛

當歸虱目魚湯

熱量 **506** 大卡

材料：虱目魚肚 200 克，鴻喜菇 30 克，老薑片 10 克
藥材：黃耆 6 片，當歸 1 片，紅棗 6 顆，枸杞 15 克
調味料：鹽 1/2 小匙，米酒 2 小匙
作法：
1. 虱目魚肚洗淨剖開，去魚骨；藥材洗淨。
2. 黃耆、當歸、老薑片和水放內鍋燉煮。
3. 待開關跳起後，再放入其餘材料和藥材，外鍋加 1/2 杯水，待開關再次跳起後，加調味料拌勻。

滋補功效

虱目魚含有豐富的維生素B$_2$、E和多種微量元素，可以增強抵抗力，且能保護皮膚黏膜。紅棗、當歸則可補養氣血、調經止痛。

增強體力＋預防癌症

鮮魚薑絲湯

熱量 **346** 大卡

材料：鱸魚中段 300 克，蔥、薑各 20 克，枸杞 5 克
調味料：米酒 2 大匙，鹽 1/2 小匙，香油、糖各 1 小匙，胡椒粉 1/4 小匙
作法：
1. 鱸魚洗淨汆燙；蔥洗淨，切段。薑洗淨切絲；枸杞加水泡軟備用。
2. 鱸魚、薑絲和水放入內鍋，外鍋加 1 杯水，煮至開關跳起，加調味料及枸杞拌勻，撒入蔥段即可。

滋補功效

鱸魚有益脾胃、補肝腎、安胎的功效；富含蛋白質、維生素、鈣、鎂、鋅、硒等，是很好的養身補胎營養成分蛋白質食物。

清熱降火＋強化肝臟

蘆筍奶油鮭魚湯

熱量 1113 大卡

材料：洋蔥、馬鈴薯、紅蘿蔔、豌豆仁各 100 克，鮭魚 200 克，玉米筍、蘆筍、奶油各 50 克

調味料：鹽 1 小匙，太白粉水 1 大匙

作法：
1. 鮭魚洗淨切小塊；洋蔥洗淨，去皮切丁。
2. 蘆筍、紅蘿蔔、馬鈴薯洗淨切丁。
3. 所有材料和水放入內鍋，外鍋加 1 杯水，煮至開關跳起，倒入太白粉水勾芡，加鹽調味即可。

滋補功效

蘆筍鉀含量豐富，能清熱降火；並含有維生素A、C、E及大量膳食纖維，可預防血壓上升。鮭魚則能促進血液循環、強化肝臟。

滋陰補氣＋護腎明目

香栗黑豆鯉魚湯

熱量 1075 大卡

材料：鯉魚 1 條，栗子 20 顆，黑豆 15 克，薑片 10 克
藥材：海玉竹 10 克
調味料：鹽 1 小匙，沙拉油 1 大匙
作法：
1. 鯉魚洗淨，放入平底鍋煎至兩面微黃，盛起備用。
2. 栗子去皮，與海玉竹、黑豆分別洗淨泡水備用。
3. 所有材料、藥材和水放入內鍋，外鍋加 1 又 1/2 杯水，煮至開關跳起，加鹽調味即可。

滋補功效

鯉魚能利水消腫。栗子可強筋護腎、健脾益胃。黑豆能明目潤膚、預防便祕。加上清熱生津、養陰潤燥的海玉竹，使湯頭更甜美。

活化腦力＋防癌抗老
砂鍋魚頭煲

熱量 1194 大卡

材料：鰱魚頭半個，大白菜150克，冬粉1把，金針菇、蒜苗各50克，腐皮、蔥段各30克，洋菇25克，蒜片20克，凍豆腐4塊

調味料：沙拉油3大匙，米酒50c.c.，沙茶醬2大匙，醬油1大匙，鹽、胡椒粉各1小匙

作法：
1. 材料洗淨；鰱魚頭劃2刀，油煎至金黃色；大白菜切塊；蒜苗切段。
2. 材料（冬粉、鰱魚頭、蒜苗除外）和水放入內鍋，外鍋加1又1/2杯水。
3. 開關跳起後，放入冬粉、鰱魚頭，外鍋再加1/2杯水。
4. 待開關再次跳起後，加入調味料拌勻，撒上蒜苗即可。

滋補功效
鰱魚頭富含不飽和脂肪酸、膠原蛋白和卵磷脂，可活化腦細胞、增強記憶力。大蒜中的揮發油則能殺菌、抗發炎，還能預防癌症。

增進智力＋降膽固醇

豆苗魚片湯

熱量 **471** 大卡

材料：
A料：魚肉 200 克，豆苗 100 克
B料：蔥段、薑片各 10 克，
　　　金針菇、杏鮑菇各 50 克，枸杞 5 克
調味料：鹽 1 小匙，香油 1/2 小匙
作法：
1. 材料洗淨；魚肉、杏鮑菇切片備用。
2. B料和水放入內鍋，外鍋加 1/2 杯水。
3. 開關跳起後放 A 料，外鍋加 1/4 杯水。待開關再次跳起，加鹽調味，淋入香油即可。

滋補功效
金針菇富含離胺酸、精胺酸，能增進兒童智力發育。杏鮑菇則是「三低」食材，即低脂肪、低熱量、低膽固醇，是很好的養生食材。

促進代謝＋利尿消腫

番茄洋芋煲魚湯

熱量 **849** 大卡

材料：番茄、馬鈴薯、豬軟骨各 100 克，
　　　鯽魚 1 條，腐竹 30 克，薑片 20 克
調味料：鹽、沙拉油各 1 小匙，米酒 20c.c.
作法：
1. 鯽魚洗淨，油煎至金黃色；豬軟骨洗淨汆燙。
2. 腐竹泡發洗淨；馬鈴薯去皮，番茄去蒂，均洗淨切塊。
3. 所有材料和水放入內鍋，外鍋加 1 杯水。
4. 煮至開關跳起，燜 5 分鐘後，再加鹽、米酒拌勻即可。

滋補功效
馬鈴薯富含維生素 C、菸鹼酸，能協助膠原蛋白合成、促進代謝。鯽魚含豐富的鈣、磷、鐵和維生素 D，有助活血通絡、利尿消腫。

益中補氣＋提升免疫力

南瓜海鮮羹

熱量 566 大卡

材料：熟南瓜泥400克，魚肉60克，蟹肉50克，魷魚、蝦仁各40克，鮮奶1大匙
調味料：鹽1/2小匙，太白粉水2大匙
作法：
1. 海鮮材料洗淨切丁，汆燙後，撈出泡水。
2. 作法1、熟南瓜泥和水放入內鍋，外鍋加1/2杯水，煮至開關跳起，拌入鮮奶、太白粉水、鹽即可。

滋補功效
魷魚富含牛磺酸，具有降低血糖、膽固醇的作用，能提升免疫力。南瓜富含膳食纖維、維生素A等，能益中補氣、溫潤身體。

防癌抗老＋改善貧血

松茸蛤蜊羹

熱量 249 大卡

材料：松茸、蛤蜊肉各 100 克，傳統豆腐、洋菇各 50 克，豌豆仁 30 克

調味料：鹽 1 小匙，太白粉水 3 大匙

作法：

1. 材料洗淨。豆腐、洋菇切片。
2. 所有材料和水放入內鍋，外鍋加 1/2 杯水，煮至開關跳起，倒入太白粉水勾芡，加鹽調味即可。

滋補功效

松茸富含膳食纖維，亦有抗癌、幫助消化等功效。豆腐富含優質蛋白質和卵磷脂，常吃可保護肝臟、促進人體代謝、增強免疫力。

潤腸通便＋強化骨骼

魩魚莧菜羹

熱量 117 大卡

材料：魩仔魚 30 克，莧菜 300 克，草菇、蔥末、蒜末、薑末各 10 克，蛋白液 2 顆

調味料：鹽 1 小匙，太白粉水 2 大匙

作法：

1. 草菇洗淨剁碎；莧菜洗淨汆燙後剁碎。
2. 蔬菜材料、魩仔魚和水放入內鍋，外鍋加 1/2 杯水，煮至開關跳起，倒入太白粉水勾芡，加鹽並淋上蛋白液即可。

滋補功效

莧菜除了豐富的膳食纖維外，鐵及鈣質的含量，與牛奶、紅肉不相上下，與同樣富含鈣質、蛋白質的魩仔魚同煮，保健效果加倍。

利腸通便＋明目防癌

土魠魚羹

熱量 717 大卡

材料：炸土魠魚塊350克，扁魚20克，大白菜絲50克，金針菇30克

調味料：太白粉水2大匙，烏醋1小匙，胡椒粉1/2小匙

作法：
1. 金針菇去根洗淨；扁魚洗淨壓碎。
2. 作法1、大白菜絲和水放內鍋，外鍋加1杯水，煮至開關跳起，倒太白粉水勾芡。
3. 放入土魠魚塊，淋烏醋、撒胡椒粉即可。

滋補功效

土魠魚含有不飽和脂肪酸，具養睛明目、抗老防癌的功效。大白菜富含膳食纖維，能利腸通便；維生素U可改善十二指腸潰瘍。

潤燥滑腸＋防治便祕

三絲魚肚羹

熱量 291 大卡

材料：魚肚85克，海參條80克，大白菜絲60克，鮑魚絲70克，竹筍絲40克，紅蘿蔔絲、黑木耳絲各30克

調味料：鹽1小匙，胡椒粉1/4小匙，太白粉水3大匙

作法：
1. 魚肚切條，分別與鮑魚絲、海參條汆燙。
2. 所有材料和水放入內鍋，外鍋加1杯水。
3. 開關跳起後，以太白粉水勾芡，加鹽並撒上胡椒粉即可

滋補功效

鮑魚具有養陰調經、潤燥滑腸的功效。此道湯品含有多種蔬菜，能促進腸胃蠕動，防治便祕，是很好的養生佳餚。

養顏美容＋提升代謝

泰式海鮮酸辣湯

熱量 302 大卡

材料：透抽1尾，鮮蝦6尾，吐沙蛤蜊50克，小番茄6顆，薑片10克
調味料：泰式酸辣醬6大匙，檸檬汁2大匙
作法：
1. 材料洗淨。小番茄剖半；透抽切圈狀；鮮蝦去腸泥。
2. 將泰式酸辣醬和水放入內鍋，外鍋加1/2杯水。
3. 開關跳起後，將所有材料、水放入內鍋，外鍋加1/2杯水。
4. 開關再跳起後，加檸檬汁調勻即可。

滋補功效
蝦富含蛋白質和牛磺酸，有助人體生長、降低膽固醇、維護肝臟功能。番茄、檸檬富含維生素C，具有美白肌膚、促進代謝等功效。

利尿消腫＋降低血壓

花枝鱈魚海鮮湯

熱量 486 大卡

材料：透抽、鱈魚片各100克，洋蔥、吐沙蛤蜊、鮮蝦各50克，小番茄6顆，薑片20克
調味料：鹽1/2小匙，沙拉油1小匙，番茄糊120c.c.
作法：
1. 材料洗淨。透抽切圈狀；蝦去腸泥；小番茄剖半；洋蔥去皮切丁。
2. 鱈魚片油煎；小番茄、洋蔥、番茄糊、薑片、水放入內鍋。
3. 外鍋加1/2杯水，開關跳起後，放入剩餘材料。
4. 外鍋加1/2杯水煮熟，加鹽調味即可。

滋補功效
透抽富含維生素E，能預防老年失智。鱈魚含豐富鈣質，能調節骨骼新陳代謝，預防骨質疏鬆。蝦仁富含營養素，可消除疲勞。

強化體質＋提升免疫力

鮮蝦海帶芽湯

熱量 262 大卡

材料：蝦240克，透抽10克，海帶芽30克，鮮香菇6朵，薑片、蔥末各20克

調味料：鹽、麻油各1小匙

作法：

1. 材料洗淨。透抽、鮮香菇切片；鮮蝦去腸泥洗淨，汆燙。
2. 將鮮香菇、薑片和水放入內鍋，外鍋加1杯水燉煮。
3. 續入鮮蝦、透抽、海帶芽，外鍋加1杯水煮熟。
4. 加鹽、麻油調味，撒上蔥末即可。

滋補功效

蝦是低脂肪、高蛋白的營養食材，能增進腎功能、強化體質。香菇中的多醣體，能抗氧化、提升免疫力，達到抗癌的目的。

增強免疫＋加速傷口癒合

南瓜什錦海鮮湯

熱量 274 大卡

材料：蝦6隻，吐沙蛤蜊、透抽各50克，南瓜塊200克，蔥末10克，大骨高湯2000c.c.

調味料：鹽1/2小匙，白胡椒粉1/4小匙，麻油1小匙

作法：

1. 材料洗淨。透抽切圈狀，蝦去腸泥，和透抽均汆燙。
2. 南瓜、高湯放入內鍋，外鍋加1/2杯水，煮至開關跳起。
3. 再加入其他材料（蔥末除外），外鍋加1/2杯水煮熟。
4. 加鹽、白胡椒粉，淋上麻油，撒上蔥末。

滋補功效

《本草經疏》記載：「蛤蜊，其性滋潤而助津液」，並有高蛋白、高鐵、高鈣、低脂等特性，適合作為一般民眾的補養食物。

清熱明目＋降膽固醇

豆芽海瓜子湯

熱量 200 大卡

材料：海瓜子 300 克，黃豆芽 120 克，薑片、蔥末各 20 克

調味料：鹽、香油各 1/2 小匙

作法：
1. 海瓜子泡水吐沙沖淨；黃豆芽洗淨備用。
2. 所有材料（蔥末除外）和水放入內鍋，外鍋加 1/2 杯水，煮至開關跳起，加鹽調味，淋入香油、撒上蔥末即可。

滋補功效

海瓜子具有蛋白質、鐵、鈣等多種營養素，可調節血脂、預防心血管疾病。黃豆芽具有清熱明目、補氣養血等功效；膳食纖維則能降低膽固醇。

舒緩壓力＋排毒淨化

紫菜豆腐銀魚湯

熱量 831 大卡

材料：小魚乾 30 克，豬肉片 120 克，蹄筋段 50 克，嫩豆腐 1 盒，紫菜、蔥末各 20 克

調味料：鹽 1/2 小匙

作法：
1. 豬肉片、蹄筋段洗淨汆燙；嫩豆腐切塊。
2. 小魚乾、紫菜、嫩豆腐、蹄筋段和水放入內鍋。
3. 外鍋加 1/2 杯水，煮至開關跳起，放入豬肉片。
4. 外鍋加 1/2 杯水，待開關再次跳起，加鹽、蔥末即可。

滋補功效

紫菜含有豐富的碘及維生素B群，能治療甲狀腺腫大、預防癌症。小魚乾富含鈣質，能強化骨骼，預防骨質疏鬆。蹄筋中的膠原蛋白，是養顏潤膚的聖品。

益智健腦＋整腸健胃

鮮魚味噌豆腐湯

熱量 778 大卡

材料：魚肉片、豆腐各300克，海苔1張，蔥1支
調味料：味噌醬4大匙，鹽1/4小匙
作法：
1. 材料（海苔除外）洗淨。魚肉片切長方塊；豆腐切丁；海苔切長條；蔥切末。
2. 豆腐、味噌醬和水放入內鍋，外鍋加1/2杯水。
3. 開關跳起後放入魚肉片，外鍋加1/4杯水，待開關再次跳起後，加鹽調味，撒上蔥末、海苔條即可。

滋補功效

魚類含有益智健腦的EPA及DHA，可保持血管彈性，預防心血管疾病。味噌含有多種人體必需胺基酸及酵素，能調整腸道功能。

電鍋燉好排骨湯

排骨湯品

排骨富含膠原蛋白、維生素Q等營養素，能有效對抗衰老、預防皺紋，使肌膚光滑健康；而鈣質與骨膠原，能強化骨本，避免罹患骨質疏鬆症。搭配蔬菜燉鍋排骨湯，是冬天營養滋補的好選擇。

廚藝大行家

達人教你挑排骨

❶ **仔細看**：新鮮排骨的瘦肉部分，應呈現均勻的淡粉紅色，且帶有光澤；肥肉、脂肪部分要潔白，肉切面應呈現細緻緊密狀。
❷ **試觸感**：外表微微溼潤，觸摸時不黏手且富有彈性者，即為新鮮的排骨。
❸ **聞味道**：新鮮的排骨應該具有豬肉獨特的肉鮮味；若飄散出微酸或陳腐的不良氣味，則代表肉質不新鮮。

處理排骨有一套

料理排骨的前一天，可將冷凍肉品放在冷藏室慢慢解凍，其恆溫環境能保持肉品的新鮮度；如果時間不夠，也可以隔著包裝袋，用流水沖洗，幫助肉品解凍。切記千萬不可直接將排骨放在流水下沖洗，如此將使肉質失去彈性及水分，影響口感。

保存排骨這麼做

排骨買回來後，最好把握鮮度迅速料理。若須儲存時，可將排骨放入密封袋中，並將袋內空氣擠出。一般而言，放入冰箱冷藏，可保存1～2天；若是放在零下18℃冷凍，則不宜超過3個月。

排骨小檔案　健脾益氣＋滋養肌膚

種類：大排、肋排、小排、軟骨、子排、里肌排
食療功效：增強體力、消除疲勞、促進生長
主要營養成分：蛋白質、脂肪、骨膠原、胺基酸、
　　　　　　　維生素、鈣質

排骨食療效果Q&A

Q 吃排骨能美顏護膚？

排骨所含的維生素Q，是一種脂溶性物質，在抗氧化的作用上扮演重要角色。維生素Q能減少皺紋，有效對抗紫外線、化學物質等產生的自由基，降低自由基對肌膚造成的傷害，有助於預防皺紋或肌膚鬆弛，是近年熱門的保養品成分，被運用在增加細胞活性、撫平皺紋上。適量攝取排骨，便能因此成分，維護年輕健康的肌膚。

Q 吃排骨可預防骨質疏鬆？

人一到中老年階段，身體的器官組織開始衰老，容易產生各種疾病。年紀較大的人多數缺鈣，容易罹患骨質疏鬆症。

排骨含有豐富的鈣質、骨膠原，能提供人體所需的鈣質，尤其是骨膠原，更可減緩骨骼老化速度。此外，由於排骨也富含磷酸鈣、胺基酸，對於發育中的青少年或骨頭受傷患者，亦有良好助益。

Q 喝排骨湯能抗老防衰？

骨髓是人體中的重要組織，紅血球、白血球等都在骨髓中形成。當人的年紀越來越大時，骨髓的功能便會慢慢衰退。

由於排骨湯營養滋補，又含豐富的膠原蛋白，經常喝排骨湯，可增強細胞造血能力，有助對抗衰老，是一般人平日養生的好選擇。在熬煮排骨湯時，可搭配滋味清甜、飽含水分的蘿蔔一起燉煮，能化油解膩，使湯頭更加清甜順口。

排骨各部位的烹調應用

排骨是將豬肉切割之後留下來的肋骨、脊椎骨等部位,由於大部分連接骨頭的筋肉,烹調後既有肉香,又有濃醇骨香,風味鮮美。

大排

大排是位於豬背脊中央的部位。因為筋少肉嫩,且面積大、具有增加分量的作用,油炸時能凸顯大骨特有的香氣,最常用來酥炸。

肋排

為背部或肚腩部位整排帶骨的肉排,背脊部位的肋排肉質厚且嫩;腹脅部位則含有較多油脂。肋骨烹煮後的風味甘甜,適合醃漬入味後燒烤或滷煮。

小排

小排是豬腹脅部位靠近肚腩的排骨,肉層較厚、滑嫩有嚼勁,適合蒸煮、煎炸、熬湯,一般都剁成小塊來料理。

軟骨

為豬肉裡包著白色軟骨的部位,取自豬關節間的韌骨,最大的特點是富有脆感的嚼勁,又不怕被骨頭刺傷,適合快炒、燒煮及蒸燉料理。

里肌排

位於豬背中央帶骨的部位,口感緊實較有嚼勁,油脂含量適中。

腩排

為靠近肚腩邊的肋骨肉,因接近五花肉的部位而略帶脂肪,適合整塊用於燒烤,剁成小塊紅燒、酥炸,煮湯也很對味。

食神撇步

大廚傳授排骨湯美味祕訣

❶ 長時間熬煮排骨,會將骨髓中的血水和雜質釋出,造成湯頭混濁,影響美味。若於熬湯前汆燙,再以清水沖洗,不僅使湯頭更清澈,還能降低油膩感。

❷ 排骨湯再加熱時,須先將食材撈出,將湯汁加熱到滾沸後,再放入食材略煮,以保持美味。避免湯汁反覆滾沸,造成湯頭變濁、排骨過於軟爛、口感不佳。

❸ 燉煮藥膳湯時,先熬出湯頭,撈出藥材後,再加食材燉煮,以免排骨滲入太多藥味。

營養師小叮嚀

❶ 將排骨加入根莖類蔬菜燉湯時,營養更加均衡,適合不宜吃過多肉類的心血管疾病患者、咀嚼能力較差的嬰幼兒,以及老年人補充營養素。

❷ 排骨富含油脂,高血脂或心血管疾病患者,須避免食用過量。

美味知識小專欄

❶ 熬煮排骨湯或大骨湯時,先將骨頭剁成小塊,並加些醋,可促進鈣質釋放。

❷ 排骨煮湯時,可加入冬瓜、海帶或蓮藕,具有清熱、補氣、滋養的作用,不僅熱量低,還能攝取到更多營養。

補腎益脾＋改善體質

玉米排骨湯

熱量 651 大卡

材料：排骨300克，玉米200克，百合60克，冬筍50克，芫荽（香菜）30克，枸杞5克

調味料：鹽1/2小匙

作法：

❶ 排骨汆燙後撈出沖淨；百合泡水洗淨。
❷ 玉米、芫荽洗淨切段；冬筍去皮洗淨，切塊。
❸ 所有材料（芫荽除外）和水放入內鍋，外鍋加1又1/2杯水。
❹ 煮至開關跳起後加鹽，撒上芫荽即可。

滋補功效

玉米含類胡蘿蔔素、玉米黃素，能改善視力；維生素E則可促進造血功能。排骨含豐富鈣質，能消除疲勞、補腎益脾、改善虛寒體質。

養心潤肺＋去熱止咳

蓮子海帶排骨湯

熱量 322 大卡

材料：豬軟骨200克，薑30克，蘑菇20克，蓮子、海帶結各50克

調味料：鹽1小匙，米酒50c.c.

作法：

❶ 豬軟骨洗淨切塊，汆燙後撈出沖淨。
❷ 蓮子泡軟洗淨，去除蓮心；海帶結、蘑菇洗淨備用。
❸ 所有材料、米酒和水放入內鍋，外鍋加1又1/2杯水，煮至開關跳起，加鹽拌勻即可。

滋補功效

豬軟骨的瘦肉多肥肉少，用來煮湯，蛋白質、鈣質最豐富。蓮子富含澱粉與鈣、磷、鉀，具有滋補元氣、養心潤肺、去熱止咳等功效。

活血補血＋美白養顏

龍骨茭白湯

熱量 **294** 大卡

材料：龍骨 200 克，茭白筍、紅蘿蔔各 100 克，枸杞、老薑片各 20 克，川芎 4 片，柳松菇、青江菜各 50 克，

調味料：鹽 1 小匙

作法：
1. 龍骨汆燙後撈出沖淨。茭白筍去皮洗淨，切塊。
2. 所有材料和水放入內鍋，外鍋加 1 又 1/2 杯水。
3. 煮至開關跳起，加鹽拌勻即可。

滋補功效

茭白筍富含膳食纖維，有助於排除臉部黑斑與毒素。紅蘿蔔富含維生素 C，亦能滋潤肌膚、預防青春痘。此湯品能潤澤肌膚、養顏美容。

清熱降火＋補充鈣質

蓮藕海帶排骨湯

熱量 781 大卡

材料：小排骨300克，蓮藕200克，海帶結100克，乾干貝6個，薑片30克

調味料：鹽1小匙，米酒50c.c.

作法：
1. 材料洗淨。干貝泡軟；蓮藕去皮切片。
2. 小排骨洗淨，汆燙後撈出沖淨。
3. 所有材料、米酒和水放入內鍋，外鍋加1又1/2杯水，煮至開關跳起，加鹽拌勻即可。

滋補功效

蓮藕可清熱、涼血、健脾開胃。海帶結富含碘、葉酸，可促進血液中脂肪代謝；鈣能強化骨骼，經常食用能清熱退火。

潤肺止咳＋促進黏膜健康

南瓜百合排骨湯

熱量 155 大卡

材料：南瓜100克，百合30克，排骨75克，芫荽（香菜）5克

調味料：鹽1/4小匙，麻油1/2小匙

作法：
1. 南瓜洗淨，去皮和籽，切塊；芫荽洗淨；排骨洗淨，汆燙後沖淨。
2. 南瓜、排骨、百合和水放入內鍋，外鍋加1杯水。煮熟後加鹽調味，淋上麻油，撒上芫荽即可。

滋補功效

百合具有潤肺止咳、清心安神、補中益氣、健脾和胃的功效，適合孕婦作為安神、補氣、健肺的食療選擇。

活血養顏＋促進代謝

紅豆蓮藕排骨湯

熱量 **708** 大卡

材料：蓮藕300克，豬小排200克，紅豆100克

調味料：鹽1小匙

作法：
1. 蓮藕去皮洗淨，切片；紅豆洗淨泡水。
2. 豬小排洗淨切塊，汆燙後撈出沖淨。
3. 所有材料和水放入內鍋，外鍋加2杯水。
4. 煮至紅豆軟爛入味，加鹽調味即可。

滋補功效

紅豆具有清心養神、健脾益腎的功效。蓮藕則能涼血散瘀、止渴除煩。食用此道湯品，有助養顏抗老、活血、促進新陳代謝。

補肝益血＋生津化痰

黑豆薏仁排骨湯

熱量 **484** 大卡

材料：黑豆、薏仁各50克，排骨100克，枸杞10克

調味料：鹽1/2小匙

作法：
1. 黑豆和薏仁洗淨，泡水4小時，瀝乾。
2. 作法1放入內鍋，外鍋加2杯水，煮至開關跳起。
3. 排骨洗淨汆燙，和枸杞放入作法2，外鍋加1杯水。
4. 待開關再次跳起後，加鹽調味即可。

滋補功效

黑豆屬水性寒，為腎之穀，故有滋補腎氣的作用，含有豐富的維生素E，是很好的抗氧化、延緩衰老的養生食物。

健腦益智＋潤腸抗老

花生木瓜排骨湯

熱量 **562** 大卡

材料：龍骨 150 克，木瓜 300 克，花生 40 克，枸杞 15 克

調味料：鹽 1 小匙

作法：
1. 材料洗淨。木瓜去瓢籽，切塊。
2. 龍骨放入滾水中汆燙，撈出沖淨。
3. 所有材料和水放入內鍋，外鍋加 1 杯水，煮至開關跳起，加鹽調味即可。

滋補功效

花生中的卵磷脂，能延緩大腦功能衰退，增強記憶力，對消化系統也有助益。與木瓜同食，有助刺激女性荷爾蒙分泌，具有益智健腦、預防老年失智等作用。

強筋健骨＋強化免疫力

牛蒡排骨湯

熱量 **877** 大卡

材料：豬腩排、牛蒡各 300 克，枸杞 10 克，柳松菇 100 克

調味料：鹽 1/2 小匙

作法：
1. 牛蒡洗淨，去皮切片；柳松菇切除根部，洗淨。
2. 枸杞泡軟瀝乾；豬腩排洗淨切塊，汆燙。
3. 所有材料和水放入內鍋，外鍋加 1 又 1/2 杯水，煮至開關跳起，加鹽調味即可。

滋補功效

牛蒡礦物質含量豐富，能抗氧化、穩定情緒，降低罹患心血管疾病的風險。柳松菇富含維生素、礦物質，有助於降血壓、降膽固醇，並能強化免疫力。

明目祛疹＋清熱解毒

苦瓜排骨湯

熱量 577 大卡

材料：排骨 300 克，苦瓜 150 克，小魚乾 30 克，薑片 20 克，黃豆醬 15 克，枸杞 10 克

調味料：鹽 1/2 小匙，香油 1/4 小匙

作法：
1. 排骨洗淨剁塊，汆燙後撈出沖淨。
2. 苦瓜去瓤，洗淨切塊；小魚乾泡水洗淨。
3. 所有材料和水放入內鍋，外鍋加 2 杯水。
4. 煮至開關跳起，加調味料拌勻即可。

滋補功效

苦瓜中的苦瓜素能抑制脂肪囤積。此外，苦瓜還具有清熱降火、解毒利尿的功效，與排骨一起煮湯，可以預防感冒、消除熱疹。

清暑利溼＋抗癌養生

荷葉排骨湯

熱量 **264** 大卡

材料：荷葉6克，排骨200克，紅棗8顆
調味料：鹽1/2小匙
作法：
1. 排骨洗淨，汆燙後撈出沖淨。
2. 所有材料和水放入內鍋，外鍋加1杯水。
3. 開關跳起後，加鹽調味即可。

滋補功效

荷葉有很好的利水、消腫作用。排骨中的磷酸鈣、骨膠原、骨黏蛋白等成分，可作為幼兒和老人鈣質的補充品。

補氣養血＋幫助消化

紅棗竹筍排骨湯

熱量 **673** 大卡

材料：豬小排500克，竹筍200克（連殼），
鮮干貝5個，薑片50克，
冬菜15克，紅棗10顆
調味料：鹽1小匙
作法：
1. 豬小排洗淨汆燙；竹筍去殼洗淨，切塊。
2. 所有材料和水放入內鍋，外鍋加1又1/2杯水，煮至開關跳起，加鹽拌勻即可。

滋補功效

竹筍低糖、低脂、高纖，能刺激腸胃蠕動、抑制膽固醇吸收，預防便祕與大腸癌。干貝滋陰補腎，能防止動脈硬化和降血壓。

高纖排毒＋安定神經

魷魚排骨湯

熱量 724 大卡

材料：豬小排 300 克，乾魷魚 100 克，芹菜 80 克，竹筍、蒜苗各 50 克

調味料：鹽 1/2 小匙

作法：

1. 蔬菜洗淨。竹筍去殼切片；蒜苗、芹菜去根部，切段。
2. 魷魚泡水 1 小時，去膜切片油炸；豬小排洗淨汆燙。
3. 所有材料和水放入內鍋，外鍋加 1 又 1/2 杯水，煮至開關跳起，加鹽調味即可。

滋補功效

魷魚富含的不飽和脂肪酸、牛磺酸，能減少血管壁內的膽固醇。芹菜富含膳食纖維，可幫助排便；另含揮發油，能安定腦中樞神經。

紅潤臉色＋止痛補血

當歸九孔燉排骨

材料：小排骨 300 克，九孔 8 個，薑 10 克

藥材：當歸 15 克，枸杞 5 克

調味料：鹽 1 小匙

作法：

1. 九孔洗淨汆燙；排骨剁塊，汆燙洗淨；薑洗淨切片。
2. 所有材料、藥材和水放入內鍋，外鍋加 2 杯水，煮至開關跳起，加鹽調味即可。

滋補功效

當歸能補血、活血、調經、止痛、潤腸，其味辛、甘，性溫，適用於治療臉色蒼白、頭暈眼花或心悸等血虛虧損方面的毛病。

熱量 380 大卡

滋陰潤燥＋健胃整腸

排骨酥羹

熱量 487 大卡

材料：排骨酥 200 克，大白菜 100 克，
　　　　竹筍 50 克，大蒜 20 克，薑片 10 克
藥材：枸杞 5 克，當歸 1 片
調味料：太白粉水 2 大匙，烏醋 10c.c.，
　　　　　鹽 1/2 小匙

作法：
1. 大白菜切長片；大蒜去皮，竹筍切片。
2. 材料（排骨酥除外）、藥材、水放入內鍋，外鍋加 3/4 杯水。
3. 開關跳起後放排骨酥，外鍋加 1/4 杯水。待開關再次跳起後，加調味料勾芡。

滋補功效
排骨具滋陰潤燥、益精補血的功效，可提供人體必需的優質蛋白質。大白菜含豐富維生素與礦物質，能整腸健胃、預防動脈硬化。

清熱解暑＋保護關節

苦瓜酸菜煲軟骨

熱量 434 大卡

材料：苦瓜塊 600 克，豬軟骨 300 克，
　　　　酸菜心片 60 克，黃豆芽 150 克，
　　　　青江菜 75 克，薑片 15 克
調味料：鹽 1 小匙，米酒 50c.c.

作法：
1. 材料洗淨。豬軟骨切塊汆燙，撈出沖淨。
2. 材料（青江菜除外）和水放入內鍋，外鍋加 3/4 杯水。
3. 開關跳起後放青江菜，外鍋加 1/4 杯水。
4. 開關再次跳起，加調味料拌勻即可。

滋補功效
苦瓜含有多種胺基酸，具有清熱解暑、促進傷口癒合等功效。豬軟骨富含膠原蛋白和鈣質，能增強關節軟骨的韌度，避免骨折。

滋補五臟＋幫助消化

木瓜燉猴菇排骨湯

熱量
391
大卡

材料：小排骨、青木瓜、猴頭菇各200克，薑6片，
　　　　低脂大骨高湯1500c.c.
藥材：紅棗5克，玉竹30克，當歸2片
調味料：鹽1小匙，米酒30c.c.
作法：
① 排骨洗淨切塊，汆燙沖淨；青木瓜去皮和籽，洗淨切塊。
② 猴頭菇泡水洗淨；藥材洗淨備用。
③ 所有材料、藥材和水放入內鍋，外鍋加1杯水，煮至開關跳起，加調味料拌勻即可。

滋補功效

猴頭菇有幫助消化、滋補五臟的功效，能改善神經衰弱、消化不良等症狀。排骨富含蛋白質、脂肪和鈣質，可促進肌肉生長和骨骼發育。

美白養顏＋延緩老化

什錦排骨鍋

熱量 839 大卡

材料：豬小排 200 克，高麗菜 400 克，鮮蝦、蹄筋、花枝片各 150 克，番茄 80 克，冬菜、魚板各 10 克，金針菇 50 克

調味料：鹽 1/2 小匙

作法：

1. 材料洗淨。豬小排切段，汆燙沖淨。
2. 金針菇切去根部；高麗菜、番茄、蹄筋均切塊。
3. 所有材料和水放入內鍋，外鍋加 2 杯水。
4. 煮至開關跳起，加鹽調味即可。

滋補功效

高麗菜富含水分、維生素 C、K 和鉀，能促進代謝、保護腸胃，還可美白養顏、改善貧血。鮮蝦含微量元素鋅，能修護肌膚、延緩老化。

保護腸胃＋幫助消化

紅茄羅宋排骨湯

材料：豬軟骨 300 克，馬鈴薯、番茄各 150 克，洋蔥、紅蘿蔔各 100 克，芫荽（香菜）段 10 克

調味料：鹽 1/2 小匙

作法：

1. 材料洗淨。馬鈴薯、洋蔥、紅蘿蔔去皮，與番茄切小塊。
2. 豬軟骨洗淨，汆燙後撈出沖淨。
3. 材料（芫荽段除外）和水放入內鍋，外鍋加 1 又 1/2 杯水。
4. 煮至開關跳起後加鹽，撒上芫荽即可。

熱量 417 大卡

滋補功效

馬鈴薯富含維生素 C，能促進腸胃黏膜分泌，保護腸胃。洋蔥含硫化物，不僅抗菌能力強，還能幫助消化，對於體內排毒十分有益。

滋陰壯陽＋益精補血

香滷肉骨茶

熱量 538 大卡

材料：豬小排 300 克，去皮大蒜 50 克，薑片、蔥段各 30 克

藥材：枸杞、白胡椒各 10 克，肉桂 1 支，丁香 2 克，甘草 5 片，八角 4 顆，紅棗 10 顆，熟地 1 片

調味料：鹽 1 小匙，米酒 30c.c.

作法：
1. 豬小排洗淨，汆燙後撈出沖淨。
2. 大蒜與藥材放棉布袋中紮緊，製成滷包。
3. 所有材料、滷包和水放入內鍋，外鍋加 1 又 1/2 杯水，煮至開關跳起，加調味料拌勻即可。

滋補功效

大蒜中的蒜素，能淨化血液、促進血液循環，並可預防動脈硬化及血栓。蔥含有多種抗氧化物，具有降低血脂、預防慢性病的功效。

Chapter 4 電鍋輕鬆燉豬肉湯

豬肉湯品

豬肉豐富的蛋白質，可媲美蛋類及奶製品，提供人體發育所需的養分，且各部位皆有不同效用，像是豬肚可健脾養胃；豬肝能補血、消除疲勞；豬腳則富含膠原蛋白，可滋養肌膚，選用豬的各部位燉煮一道道好湯，營養價值更完整。

廚藝大行家

達人教您挑豬肉

① 呈暗紅色或紫紅色的豬肉，表示剛從屠宰場送出來，品質最新鮮；若呈現褐色，是因為豬肉中的肌紅蛋白氧化，表示肉質已不新鮮。

② 挑選時可用手指按壓，恢復速度快，感覺有彈性者為新鮮豬肉。

處理豬肉有一套

① 處理生豬肉和熟豬肉的器具必須分開，以免生熟豬肉交互感染。

② 沖淨後放入滾水中汆燙，去血水後用清水洗淨。因肉質較細、筋腱少，切肉應順著肉紋切。

保存豬肉這麼做

豬肉購買回來後，最好3天內食用完畢，也可分裝包好、吸乾多餘水分，存放於冷凍庫中，但不要超過1個月。

美味知識小專欄

① 豬肉久煮可增加不飽和脂肪酸的含量，並降低膽固醇，有益血管健康。

② 豬肉中所含的水溶性維生素B群，煮湯時易溶解到湯裡面，若想多攝取維生素B群，不妨多喝豬肉湯。

豬肉小檔案　滋陰潤燥＋美膚補血

部位：豬腱、豬腳、豬肝、豬心、腰花等
食療功效：健脾益氣、消除疲勞
主要營養成分：蛋白質、脂肪、維生素B群、鉀、鐵、鋅

豬肉食療效果 Q&A

Q 吃豬肉能美容護膚？

豬肉富含蛋白質和胺基酸，可以豐潤肌膚，延緩老化速度，並可修復傷口、維護肌膚健康。豐富的維生素B群，可加速人體新陳代謝，增加皮膚抵抗力，並幫助其他營養素的轉化和吸收。豬腳的豐富膠質，可緊緻肌膚，使其光澤有彈性；但脂肪含量較高，有瘦身需求者，不宜過量食用。

Q 為什麼吃豬肉能排毒養瘦？

豬肉各部位的營養成分不同，脂肪、熱量較低的是里肌肉、腿瘦肉、臉頰肉等部位，適合減肥者食用；且含有豐富維生素B群、菸鹼酸，對代謝體內醣類、蛋白質、脂肪都有幫助，能預防多餘熱量囤積，並避免因缺乏而引起的病症。豬肉另含亞麻油酸類的不飽和脂肪酸，在肉類中是比例較高者，具有減少血脂肪的功能。

Q 豬肉為什麼能改善胃病？

對情緒因素引起的胃炎、胃酸逆流和大腸激躁症患者來說，豬肉是不刺激腸胃，又能補充體力的肉類。豬肉的維生素B群種類多，有益腸胃，尤其維生素B_1含量居所有肉類之冠，可促進新陳代謝、消除肌肉疲勞。所含的維生素B_3（又稱菸鹼酸），能幫助攝取食物能量，維持消化系統運作，和維生素B_{12}可一同促進代謝和神經系統健康，對穩定心神、平穩情緒的功效甚佳。

強筋健骨＋補氣強身

三絲豆腐羹

熱量 384 大卡

材料：豆腐塊 300 克，豬肉絲 150 克，竹筍 120 克，香菇絲 100 克，豆苗 20 克，紅蘿蔔絲 15 克

調味料：鹽 1/2 小匙，太白粉水 2 大匙，沙拉油 1 小匙

作法：
1. 熱油鍋，炒香豬肉絲、香菇絲。
2. 材料（豬肉絲、豆苗除外）、水放入內鍋，外鍋加 1/2 杯水燉煮。
3. 放入剩餘材料，外鍋加 1/4 杯水煮熟。
4. 最後倒入太白粉水勾芡，加鹽調味。

滋補功效

香菇補氣強身，含香菇多醣和酵素，具抗癌功效；加入湯中烹調還能提味解膩。竹筍富含膳食纖維，可促進腸道蠕動、幫助消化。

促進代謝＋保護黏膜組織

枇杷銀耳鮮肉湯

熱量 192 大卡

材料：枇杷 6 顆，蘋果 1 顆，乾白木耳 5 克，瘦豬肉 75 克

調味料：鹽 1/2 小匙

作法：
1. 材料洗淨。枇杷去皮和核，蘋果去核，均切塊。
2. 乾白木耳泡發，洗淨去蒂，切片；瘦豬肉汆燙。
3. 所有材料和水放入內鍋，外鍋加 1 杯水。
4. 開關跳起後，加鹽調味即可。

滋補功效

《本草綱目》記載：「枇杷能潤五臟，滋心肺」，其果肉富含胡蘿蔔素，有助維持視力、肌膚光澤，還有促進胎兒發育的作用。

補肝益血＋生津化痰

雪梨荸薺瘦肉湯

熱量 305 大卡

材料：瘦肉片、荸薺各100克，雪梨2顆
調味料：鹽1/2小匙
作法：
① 雪梨、荸薺洗淨，去皮切塊。
② 將所有材料和水放入內鍋，外鍋加1杯水。
③ 開關跳起後，加鹽拌勻即可。

滋補功效
豬瘦肉具有補腎養血，滋陰潤燥的功效，是很好的蛋白質來源。荸薺則有涼血解毒、利尿通便、化溼祛痰、消食除脹等功效。

預防癌症＋降低血壓

黃豆芽番茄肉片湯

熱量 **511** 大卡

材料：豬肉片、番茄各250克，黃豆芽300克，薑片5克

調味料：鹽1小匙

作法：
1. 豬肉片洗淨汆燙；番茄洗淨，去蒂切塊；黃豆芽洗淨。
2. 番茄、黃豆芽、薑片和水放入內鍋，外鍋加1杯水。
3. 開關跳起後放入豬肉片，外鍋加1/4杯水，待開關再次跳起，加鹽調味即可。

滋補功效

此道湯品高纖營養，番茄中的茄紅素，能預防癌症、改善心血管疾病。黃豆的不飽和脂肪酸，能降低血壓和血脂肪含量。

活化腦細胞＋抑制腫瘤

猴頭菇肉片湯

材料：猴頭菇200克，豬肉片150克，桂圓肉20克

調味料：鹽1小匙

作法：
1. 豬肉片洗淨汆燙；猴頭菇泡軟切塊。
2. 猴頭菇、桂圓肉和水放入內鍋，外鍋加1/2杯水。
3. 開關跳起後放入豬肉片，外鍋加1/4杯水，待開關再次跳起，加鹽調味即可。

熱量 **437** 大卡

滋補功效

猴頭菇含猴頭菇菌素，有助活化腦細胞；甘露醣、木醣、半乳醣、木寡醣，則有抑制腫瘤的作用；維生素B群能健全免疫系統。

消暑解熱＋預防便祕
熱量 830 大卡

髮菜肉丸湯

材料：絞肉200克，蓮藕泥100克，荸薺碎50克，絲瓜塊20克，冬菜碎30克，芹菜末、髮菜各5克，龍骨高湯1000c.c.

調味料：
A料：胡椒粉1/4小匙，太白粉10克
B料：鹽1/2小匙，糖1小匙

作法：
1. 荸薺碎拌入絞肉，加蓮藕泥和A料拌勻。
2. 摔打至絞肉有黏性，捏丸狀汆燙；髮菜泡水。
3. 絲瓜、髮菜、丸子和高湯放入內鍋，外鍋加1杯水。
4. 開關跳起後，放入冬菜和B料拌勻，撒上芹菜末即可。

滋補功效

髮菜含鈣、磷、鐵和多種維生素，搭配絲瓜煮湯，可去油解膩。荸薺可清熱化痰，有助消除暑熱和預防便祕。

消脂減肥＋美容養顏

竹笙干貝豬腱湯

熱量 523 大卡

材料：豬腱220克，竹笙3條，干貝5粒，薑片10克，紅棗3顆

調味料：鹽 1/2 小匙

作法：
1. 豬腱洗淨切塊，汆燙後撈出備用。
2. 竹笙浸泡，去除網帽，切段；干貝泡軟。
3. 所有材料和水放入內鍋，外鍋加2杯水，煮至開關跳起，加鹽調味即可。

滋補功效
竹笙能消除腹部囤積的脂肪，有效排出體內毒素，讓臉部容光煥發。常喝此道湯品，不但可以美容養顏，更有消脂減肥的功效。

清熱去火＋補氣安神

西洋參菊花煲豬腱

熱量 362 大卡

材料：豬腱220克，菊花10克，乾白木耳、花旗參各20克

調味料：鹽 1/2 小匙

作法：
1. 豬腱洗淨切塊，汆燙後撈出備用。
2. 菊花洗淨；白木耳洗淨泡水，撈出瀝乾。
3. 花旗參、白木耳、豬腱和水放入內鍋，外鍋加1杯水。
4. 開關跳起後放入菊花，外鍋加1/4杯水，煮至開關再跳起，加鹽調味即可。

滋補功效
現代人工作壓力大，容易食慾不振、長期失眠，可用花旗參煮湯喝；花旗參能補氣清熱、降虛火，有助安神、迅速恢復體力。

活血補血＋促進代謝

花膠豬腳湯

熱量 **681** 大卡

材料：花膠20克，薑120克，豬腳300克
調味料：甜醋200c.c.

作法：
① 花膠用溫水泡軟、切塊。豬腳去除雜毛，切塊洗淨，用滾水略燙。薑洗淨，拍扁，爆香。
② 所有材料、甜醋及水放入內鍋，外鍋加2杯水，煮至開關跳起。

滋補功效
花膠可活血補血、禦寒除溼。薑能促進血液循環、加速代謝與消化。搭配營養豐富的豬腳，能提升免疫力，適合體質虛弱者食用。

補氣養血＋滋補五臟

菠菜枸杞豬肝湯

熱量 540 大卡

材料：菠菜 100 克，豬肝 150 克，枸杞 10 克，紅棗 10 粒，薑絲 15 克，水 300c.c.

調味料：鹽 1/4 小匙，米酒 1 小匙，麻油 1/2 小匙

作法：

① 菠菜洗淨切段，汆燙；紅棗洗淨去籽；枸杞洗淨，泡水瀝乾。

② 豬肝加鹽抓拌，洗淨切薄片，用麻油煎至 8 分熟，備用。

③ 薑絲、紅棗、水放入內鍋，外鍋加 1 杯水，煮至開關跳起。

④ 放入剩餘材料，外鍋加 1/2 杯水，待開關再度跳起後加調味料。

滋補功效

菠菜枸杞豬肝湯具有滋補肝腎、補虛益精、益血明目的功效，可改善肝腎虧虛引起的黑眼圈，同時還有補血、增強免疫力的功效。

補肝養血＋防癌抗老

養生豬肝湯

熱量 297 大卡

材料：豬肝 200 克，豬大骨 100 克，薑片 15 克，蔥 2 支
藥材：麥門冬、枸杞各 15 克，黃耆 10 克
調味料：鹽 1/2 小匙
作法：
1. 材料洗淨。豬肝切片汆燙；豬大骨汆燙後沖淨；蔥切段。
2. 豬大骨、薑片、藥材和水放入內鍋，外鍋加 1 杯水。
3. 開關跳起後放豬肝、蔥段，外鍋加 1/4 杯水煮熟，加鹽調味即可。

滋補功效
黃耆可防癌、抗老化，並增強免疫力。豬肝富含鐵質、維生素 B_2 和 B_6，具有補肝養血、緊實肌膚之效，是理想的補血食材。

調理氣血＋恢復體力

四物豬肝湯

熱量 211 大卡

材料：豬肝 150 克，水 4 杯
藥材：當歸 15 克，川芎 5 克，熟地、白芍各 5 克，紅棗 6 顆
作法：
1. 材料洗淨。豬肝切片，汆燙備用。
2. 藥材和水放入內鍋，外鍋加 1 杯水，煮至開關跳起。
3. 放入豬肝片，外鍋加 1/4 杯水，待開關再度跳起即可。

滋補功效
豬肝可補肝腎。合稱四物的當歸、熟地、白芍和川芎，有極佳的補血效果。此道湯品能有效恢復產婦的生理功能，具調理氣血之效。

益氣養血＋活血化瘀

黨參當歸燉豬心

熱量 **334** 大卡

材料：豬心 1 副
藥材：黨參 30 克，當歸 15 克
調味料：鹽 1/2 小匙
作法：
1. 豬心剖開洗淨，與黨參、當歸、水一起放入內鍋。
2. 外鍋加 1 又 1/2 杯水，煮至開關跳起，加鹽調味即可。

滋補功效

黨參當歸燉豬心具有益氣養血、活血化瘀的功效。主治貧血、氣血虛弱、頭暈乏力、心悸失眠、自汗不止等症。

養心安神＋氣血平和

紅棗枸杞燉豬心

熱量 **489** 大卡

材料：豬心 1 副，薑片 15 克
藥材：紅棗 8 粒，當歸 10 克，枸杞 6 克
調味料：鹽 1/4 小匙
作法：
1. 材料和藥材洗淨。紅棗去籽；枸杞泡水瀝乾。
2. 豬心對半剖開，汆燙沖淨，撈出備用。
3. 所有材料、藥材和水放內鍋，外鍋加 1 又 1/2 杯水，煮至開關跳起，加鹽調味即可。

滋補功效

中醫有「以形補形」的補養法，心神虛者，多採用形狀相似的食物補養，此湯品有補血益氣安神之效，適合各年齡層的男女食用。

補腎固精＋改善腰痠背痛

杜仲腰花湯

熱量 632 大卡

材料：豬腰花1副，薑片30克，
　　　　低脂大骨高湯1000c.c.
藥材：杜仲2片，當歸1片，熟地、枸杞各5克，
　　　　紅棗5粒，人參鬚3支，桂圓肉10克
調味料：黑麻油10c.c.，米酒50c.c.，鹽1/2小匙
作法：

1. 腰花去除白色筋膜，洗淨，切花後切塊汆燙；藥材洗淨；黑麻油爆香薑片備用。
2. 將高湯、藥材放入內鍋，外鍋加1杯水，煮至開關跳起。
3. 加入薑片、腰花和米酒，外鍋加1/2杯水。
4. 待開關再次跳起，加鹽調勻即可。

滋補功效

杜仲味甘、微辛，性質溫和，常搭配豬腰烹調，具有補腎固精、強健筋骨的作用，能改善腰痠背痛、遺精陽萎和頻尿等症。

Chapter 5 電鍋輕鬆燉牛肉湯

牛肉湯品

牛肉的蛋白質含量豐富,易為人體吸收利用,能使人筋骨強健、大補元氣,適合上班族及發育中的青少年攝取。亦富含鐵質,能預防貧血,增加血液和肌肉的含氧量。適合與洋蔥、紅蘿蔔等蔬菜搭配煮出一鍋好湯。

廚藝大行家

達人教你挑牛肉

❶ 選購牛肉時,外觀完整最重要。挑選時,要選擇乾淨且看起來溼潤及色澤鮮紅的牛肉。
❷ 如果肉中含有脂肪,要檢查脂肪顏色,新鮮健康的牛肉脂肪應呈奶油色或白色。

處理牛肉有一套

❶ 牛肉沖洗乾淨後,擦乾水分;烹調前可先汆燙過油,以去除腥味。
❷ 正確的牛肉解凍方法為:由冷凍移至冷藏,給予足夠時間解凍。千萬別將牛肉丟進水裡求快速解凍,這會造成牛肉表裡解凍速度不一。

保存牛肉這麼做

將牛肉切成適當大小後,放入夾鍊袋中冷凍保存,以防牛肉結霜、脫水及氧化,最好2~3天內吃完。解凍後的牛肉不宜再冷凍,否則會影響牛肉的風味。

美味知識小專欄

❶ 牛肉不易煮爛,烹飪時加入山楂、橘皮或木瓜等食材,可使肉質纖維加速軟爛。
❷ 燉牛肉時加入適量生薑,不但能增添美味,也具有溫陽祛寒的效果。

牛肉小檔案　　活血益氣 ＋ 滋補強身

種類：牛腩、牛腱等
食療功效：滋養脾胃、補益氣血
主要營養成分：蛋白質、鐵、鈣、鋅、維生素A、B群

牛肉食療效果Q&A

Q 牛肉有助美容護膚？

牛肉含大量的鋅元素，可保持皮膚的油脂平衡，加速皮膚的新陳代謝，讓人擁有亮麗的膚色。充足的鐵能幫助人體製造所需的紅血球，使臉部氣色紅潤，適合輕微貧血，又怕肌膚老化的女性食用。牛肉的優質蛋白質，可增加肌膚彈性，改善黯沉現象，恢復水嫩肌膚。

Q 吃牛肉能改善胃病？

牛肉屬高蛋白肉類，胺基酸的種類組合，比豬肉更適合人體需求。牛肉所含的酥胺酸，能促進腸胃道肌肉蠕動功能的順暢；色胺酸提供內分泌腺素製造所需，有助於對抗憂鬱、平穩情緒，防止神經性胃炎。其中的礦物質豐富，鋅能幫助傷口癒合、修復組織；鐵能幫助紅血球的形成，預防潰瘍患者貧血，對腸胃潰瘍者，可增強免疫力，快速恢復體力。

Q 牛肉為什麼有益更年期調養？

牛肉比豬肉含有更多人體所需的胺基酸，如離胺酸、白胺酸、麩胺酸等，能提高身體對疾病的抵抗力，尤其對體質衰弱、經常腰膝痠軟、水腫的更年期男女，牛肉可提供豐富的蛋白質和完整的維生素。其所含的維生素B群，可消除疲勞，提振精神，還能預防更年期因缺鐵引起的頭暈、貧血和心血管疾病。充足的鐵，能幫助人體製造紅血球，適合缺鐵性貧血的更年期女性食用。

抗氧化＋防止骨質流失

牛肉羅宋湯

熱量 1383 大卡

材料：牛腩 300 克，蒜末 20 克，
　　　馬鈴薯、紅蘿蔔、蘋果各 150 克，
　　　番茄、洋蔥、芹菜各 100 克

調味料：鹽 1 小匙，胡椒粉 10 克，
　　　　番茄醬 50 克

作法：
❶ 牛腩洗淨切塊，汆燙，撈出瀝乾；番茄、蘋果洗淨切塊。
❷ 紅蘿蔔、洋蔥、馬鈴薯切塊；芹菜切段。
❸ 所有材料、番茄醬和水放內鍋，外鍋加 2 又 1/2 杯水煮熟，加鹽、胡椒粉即可。

滋補功效

番茄含茄紅素，具抗氧化作用，須加熱烹調才能充分釋放出來。洋蔥富含維生素 B 群和硫化物，能促進脂肪代謝、防止骨質流失。

潤燥活血＋補脾健胃

阿膠燉牛腩

熱量 1218 大卡

材料：牛腩 300 克，松茸 100 克，
　　　黑豆 30 克，薑片 40 克
藥材：阿膠、麥門冬各 10 克，蜜棗 4 顆，
　　　川芎 10 片，補骨脂 1 克，桂皮 1 塊
調味料：鹽 1 小匙，米酒 50c.c.
作法：
❶ 牛腩洗淨切塊，汆燙後撈出瀝乾。
❷ 松茸洗淨切片；黑豆泡軟；藥材洗淨。
❸ 所有材料、藥材和水放入內鍋，外鍋加 2 杯水，煮至開關跳起，加調味料調勻即可。

滋補功效

牛腩含鈣、鐵、胡蘿蔔素等營養素，能補脾健胃、益氣補血。阿膠具補血、滋陰潤肺等功效，可改善肺虛燥咳、失眠等症狀。

緊實肌膚＋修復細胞

泡菜牛肉鍋

熱量 **989** 大卡

材料：紅燒牛肉 200 克，蒜苗 1 支，油豆腐 4 塊，韓式泡菜 100 克，薑片 10 克，娃娃菜 50 克，金針菇、杏鮑菇各 30 克

作法：
1. 蔬菜材料洗淨；蒜苗切斜段。
2. 所有材料（紅燒牛肉、蒜苗除外）和水放內鍋。
3. 外鍋加 1 杯水，煮至開關跳起。
4. 倒入紅燒牛肉、蒜苗，外鍋加 1/2 杯水，煮至開關再度跳起即可。

滋補功效
牛肉富含維生素 B 群，有助新陳代謝、消除疲勞；豐富的蛋白質能修補組織，使肌肉緊實有彈性。金針菇含金針菇素，可增強免疫力。

清熱疏肝＋降低膽固醇

白蘿蔔杞菊牛腱湯

熱量
451
大卡

材料：白蘿蔔 200 克，牛腱 300 克，枸杞 1 大匙，菊花 10 朵，薑 3 片

作法：
1. 牛腱洗淨切塊，汆燙後撈出備用。
2. 白蘿蔔洗淨切塊；枸杞泡軟；菊花沖洗乾淨。
3. 將白蘿蔔、牛腱、枸杞、薑片、水放入內鍋，外鍋加 1 又 1/2 杯水。
4. 開關跳起後放入菊花，外鍋加 1/4 杯水，煮至開關再度跳起即可。

滋補功效

白蘿蔔含有豐富的維生素C和膳食纖維，可降低膽固醇，預防癌症發生。加上能清熱疏肝的菊花，養生效果更加顯著。

健脾養胃＋預防貧血

熱量 660 大卡

川芎紅棗牛腱湯

材料：牛腱400克，蘆筍100克，洋菇50克，老薑片30克
藥材：川芎6片，紅棗6顆，枸杞5克
調味料：鹽1小匙，米酒50c.c.
作法：
1. 牛腱切片，汆燙後撈出沖淨。
2. 蘆筍洗淨切段；洋菇洗淨，切片備用。
3. 所有材料、藥材、米酒、水放入內鍋，外鍋加2又1/2杯水，煮至開關跳起，加鹽調味即可。

滋補功效
川芎具活血化瘀、祛風止痛之效。蘆筍中的天門冬醯胺酸和硒，與洋菇中的多醣體，均有助消除體內癌細胞、提高免疫力。

潤腸通便＋強健筋骨

腰果牛腱湯

熱量 1957 大卡

材料：牛腱600克，生腰果100克，蔥段、薑片各50克，紅辣椒1支，大蒜5瓣片，香菜10克，八角2粒，低脂牛骨高湯3000c.c.
調味料：醬油50c.c.，米酒100c.c.，鹽1/2小匙，糖2小匙
作法：
1. 牛腱洗淨汆燙，切片；腰果泡水；大蒜和紅辣椒洗淨。
2. 材料（高湯、腰果、香菜除外）略炒，和高湯、腰果放入內鍋，外鍋加1杯水，待開關跳起後，加調味料，撒上香菜。

滋補功效
腰果含大量亞麻油酸和不飽和脂肪酸，有潤腸通便、益智健腦的作用。牛腱含蛋白質、維生素，適量食用，可補中益氣、強健筋骨。

增強體力＋降壓防癌

牛肉蔬菜湯

熱量 811 大卡

材料：牛里肌片 200 克，洋蔥丁 100 克，高麗菜、紅蘿蔔丁、馬鈴薯丁、香菇塊各 50 克

調味料：鹽 1 小匙

作法：
1. 牛里肌片洗淨汆燙；高麗菜洗淨切塊。
2. 材料（牛里肌片除外）、水放入內鍋，外鍋加 1/2 杯水。
3. 開關跳起後放入牛里肌片，外鍋加 1/2 杯水。
4. 待開關再次跳起，加鹽拌勻即可。

> **滋補功效**
> 香菇具有降低血脂和血壓的作用，搭配洋蔥和高麗菜烹煮，能增強體力、幫助消化。再加上富含蛋白質的牛肉，營養更加均衡。

潤肺止咳＋柔嫩肌膚

番茄蘆筍玉竹牛肉湯

熱量 451 大卡

材料：牛肉片 250 克，番茄 3 顆，蘆筍 5 支，玉竹、乾百合各 20 克

調味料：鹽 1/2 小匙

作法：
1. 牛肉片洗淨汆燙，撈出備用；番茄洗淨切塊。
2. 蘆筍洗淨，削掉根部硬皮；玉竹、百合洗淨泡水，瀝乾。
3. 所有材料和水放入內鍋，外鍋加 1 杯水，煮至開關跳起，加鹽調味即可。

> **滋補功效**
> 玉竹有潤肺止咳、除煩、滋陰的作用，對肌膚也有好處，因為玉竹含有可使肌膚細嫩的維生素和黏液質，故常加入湯中一起熬煮。

補充體力＋促進代謝

雪蛤牛肉湯

熱量 **435** 大卡

材料：雪蛤膏10克，牛肉120克，蔥1條，
　　　紅棗5顆，薑4片，水3杯

調味料：鹽1/4小匙

作法：
1. 雪蛤膏泡水，洗淨；牛肉洗淨，切片；紅棗洗淨去籽。
2. 雪蛤膏、蔥、2片薑放入滾水中，小火煮5分鐘後撈起。
3. 將雪蛤膏、牛肉、紅棗、2片薑及水放入內鍋。
4. 外鍋加1杯水，待開關跳起，加鹽調味即可。

滋補功效

雪蛤膏含蛋白質、多種荷爾蒙和維生素，具滋陰補肺的作用。牛肉含蛋白質與鐵，有補血的功能；此道湯品可促進新陳代謝，恢復體力。

益智健腦＋幫助消化

竹笙核桃蘋果牛肉湯

熱量 885 大卡

材料：牛肉片 220 克，竹笙 30 克，核桃 20 克，蘋果 320 克，蜜棗 15 克

調味料：鹽 1/2 小匙

作法：
1. 牛肉片洗淨，汆燙撈出；核桃洗淨，汆燙；蜜棗洗淨。
2. 竹笙泡軟，去除網帽，切段；蘋果連皮洗淨，去核切片。
3. 所有材料和水放入內鍋，外鍋加 1 杯水。
4. 煮至開關跳起，加鹽調味即可。

> **滋補功效**
> 核桃含有磷脂，能增強腦細胞活力。蘋果富含有機酸、纖維質和果膠，能刺激胃腸蠕動，幫助排除宿便，亦能舒緩腹瀉和消化不良。

改善便祕＋排毒防癌

鮮蔬牛骨湯

熱量 386 大卡

材料：牛骨 500 克，番茄、馬鈴薯各 200 克，紅蘿蔔、洋蔥各 100 克，牛蒡 50 克，高麗菜 250 克

調味料：鹽 1/2 小匙

作法：
1. 牛骨洗淨汆燙，撈出；番茄、高麗菜洗淨切塊。
2. 馬鈴薯、紅蘿蔔、洋蔥、牛蒡去皮洗淨，切塊。
3. 牛骨和水放入內鍋，外鍋加 1 杯水，煮至開關跳起。
4. 放入其他蔬菜，外鍋加 1 杯水，待開關再次跳起，加鹽調味即可。

> **滋補功效**
> 牛蒡富含寡醣、膳食纖維及不飽和脂肪酸，能改善便祕、排出腸道有害物質，加入煮過的番茄，更能釋放大量茄紅素，有抗癌之效。

暢通氣血＋滋潤肌膚

首烏牛肉湯

熱量 **871** 大卡

材料：牛腩220克，何首烏35克，桂圓肉20克，紅棗40克，陳皮1/4片

調味料：鹽1/2小匙

作法：
1. 牛腩洗淨切塊汆燙，撈出；紅棗洗淨備用。
2. 陳皮用清水浸泡至軟，刮除內面白色的苦瓤。
3. 所有材料和水放入內鍋，外鍋加2杯水，煮至開關跳起，加鹽調味即可。

滋補功效

何首烏燉湯能促進身體氣血循環，心血旺盛，進而滋潤頭髮、肌膚。想要頭髮烏黑閃亮、肌膚光滑細嫩，就要多喝此道湯品。

Chapter 6 電鍋輕鬆燉羊肉湯

▦ 羊肉湯品

羊肉肉質細嫩，含鐵量是豬肉的6倍，對補鐵造血有明顯功效，能促進血液循環，是女性生理期後的最佳補品。因其性熱，寒冷的冬天最適合以羊肉進補，能調整體內代謝循環，達到暖胃、袪除溼氣、提升精力的禦寒效果。

廚藝大行家

達人教您挑羊肉

1. 選購羊肉時，新鮮的綿羊肉呈鮮紅色，肉的纖維細而整齊漂亮；山羊肉的顏色較綿羊肉略淡，腥味較重。
2. 新鮮羊肉的脂肪部分應為白色，柔軟且有彈性，沒有黏液及異味。

處理羊肉有一套

1. 羊肉一買回家，最好立刻用清水沖洗乾淨，以免在室溫下放置過久，造成細菌滋生。
2. 料理羊肉時，可加山楂、蘿蔔，或用蔥、薑等辛香料烹煮，以掩蓋羊羶味。

保存羊肉這麼做

羊肉片可用夾鍊袋包好，放入冷凍庫中保存；整塊羊肉可用保鮮膜包好，外面再用一層報紙、一層毛巾包覆，放入冷凍庫中，可延長保存時間。

美味知識小專欄

1. 將羊肉、薑和當歸一起燉湯，羊肉熟爛後再加酒、鹽調味即可食用，可滋養氣血、幫助增強生殖功能、改善手腳冰冷。
2. 羊肉含有膽固醇，而豆腐含有卵磷脂及異黃酮，有降低血中膽固醇的功能；此外，由於豆腐性涼，吃羊肉火鍋時加入適量豆腐，可避免上火。

羊肉小檔案　　補氣益血＋暖胃助陽

種類：山羊、綿羊、野羊
食療功效：暖腎補肝、消除脹氣、改善血液循環
主要營養成分：蛋白質、脂肪、鈣、鎂、鐵、
　　　　　　　維生素A、B_2

羊肉食療效果Q&A

Q 吃羊肉能提升免疫力？

羊肉是高蛋白食物，含鐵和多種維生素，可改善血液循環、補中益氣、暖腎補肝、提升細胞活性，有助改善體質。體質偏寒者冬天易感疲倦乏力、精神不振，平時也可以多吃羊肉增強免疫力。

Q 羊肉為什麼能改善胃病？

羊肉的肉質細嫩，脂肪、膽固醇含量低，又含有豐富的蛋白質，對腸胃消化力較虛弱的人來說，既可補充多種營養，又不易發胖。其中所含的維生素A、B群，有助於肌肉組織的修補、生長，而豐富的菸鹼酸和鋅、硒，則具有預防腸胃癌症的作用。且羊肉鐵質豐富，胃潰瘍患者在恢復期可適量攝取羊肉，以補充體內鐵質的不足，並能預防貧血、食慾不振、嗜睡和怕冷等症狀。

Q 多吃羊肉能補腎壯陽？

羊肉性溫滋補且能補腎、強筋骨，對於男性體虛、氣血虧損或陽氣不足、陽萎早洩、不育者，均有改善之效。羊肉能提供優良的動物性蛋白質，且含有鐵和多種維生素，可補中益氣、暖腎補肝，改善男性血液循環，增強精力和抵抗力。其豐富的鋅，是男性體內製造荷爾蒙的原料，維持攝護腺正常運作，促進生育能力。

增強免疫力＋補氣強身

山藥紅棗燉羊肉

熱量 795 大卡

材料：羊肉塊 300 克，山藥 100 克，紅棗 20 克，桂圓 30 克
調味料：鹽 1/4 小匙，酒 1 小匙
作法：
1. 材料洗淨。山藥切塊；羊肉塊汆燙；紅棗去核籽。
2. 將紅棗、桂圓和水放入內鍋，外鍋加 1 杯水，開關跳起後，放入羊肉塊、山藥，外鍋加 1 又 1/2 杯水。
3. 待開關再次跳起，加入鹽、酒調味即可。

滋補功效

羊肉有溫補的功效，可以補虛、促進血液循環，有益精氣、補腎益肺。紅棗有補血、安神的功能。山藥能促進血液循環。

健脾益肺＋增強免疫力

山藥枸杞羊肉湯

熱量 600 大卡

材料：羊肉片 220 克，新鮮山藥 60 克
藥材：枸杞 30 克，玉竹 20 克，紅棗 5 顆
調味料：鹽 1 小匙
作法：
1. 材料、藥材洗淨。山藥去皮切塊；羊肉汆燙；枸杞泡水。
2. 將藥材、山藥和水放入內鍋，外鍋加 1 杯水。
3. 開關跳起後放入羊肉，外鍋加 1/2 杯水。
4. 待開關再次跳起，加鹽調味即可。

滋補功效

山藥有補腎、健脾、益肺的功效，有助腎上腺素製造荷爾蒙，延緩老化。新鮮山藥富含酵素，可增強免疫力，抑制癌細胞增生。

補血養顏＋滋陰壯陽

山藥益氣羊肉煲

熱量 2868 大卡

材料：山藥200克，帶皮羊肉1000克，
　　　　紅豆150克，薑片20克，
　　　　低脂雞高湯5000c.c.
藥材：蜜棗3粒，陳皮2片
調味料：鹽1小匙，米酒50c.c.
作法：
① 山藥去皮洗淨切塊；紅豆洗淨泡水，撈出。
② 陳皮泡水浸軟，去瓤洗淨；羊肉洗淨切塊，汆燙撈出。
③ 山藥、羊肉、紅豆、薑片、藥材、高湯放入內鍋，外鍋加2杯水。
④ 煮至開關跳起，加調味料拌勻即可。

滋補功效

紅豆富含鐵質和維生素B_1、B_2，可補血養顏、利尿消腫。羊肉含蛋白質、維生素及鈣、鐵等，有清熱解毒和滋陰壯陽之效。

活血化瘀＋增強免疫力

當歸生薑羊肉湯

熱量 851 大卡

材料：帶皮羊肉320克，高麗菜200克，薑絲50克，蔬菜高湯1200c.c.
藥材：當歸1片，川芎3片，紅棗6粒，人參1支
調味料：鹽1/2小匙，米酒20c.c.
作法：
❶ 羊肉洗淨切塊，汆燙；高麗菜洗淨切塊。
❷ 藥材洗淨，和羊肉、高湯放入內鍋，外鍋加1杯水燉煮。
❸ 續入高麗菜、薑絲，外鍋加1/2杯水。
❹ 待開關再次跳起，加入調味料即可。

滋補功效
生薑味辛、性溫，有散寒止嘔、開胃、殺菌解毒等功效。當歸具補血、潤腸胃之效，可促進血液循環，活血化瘀，增強免疫力。

調經補血＋活血止痛

當歸枸杞羊腩湯

材料：羊腩250克，桂圓肉5粒
藥材：當歸35克，枸杞15克，黃耆10克
調味料：鹽1小匙
作法：
❶ 羊腩洗淨汆燙，撈出沖淨；當歸、黃耆、桂圓肉洗淨；枸杞洗淨泡水，撈出瀝乾。
❷ 所有材料、藥材和水放入內鍋，外鍋加2杯水，煮至開關跳起，加鹽調味即可。

熱量 548 大卡

滋補功效
黃耆和當歸可治療貧血，平常多食用可補血調經、活血止痛。桂圓肉是新鮮龍眼肉晒乾製成，可補血安神、益智健腦。

益氣行血＋健脾開胃

腐竹羊腩煲

熱量 2934 大卡

材料：帶皮羊肉 1000 克，腐竹 30 克，
白果 100 克，去皮荸薺 100 克，蒜苗 30 克，
老薑 10 片，蔥段、去皮大蒜各 50 克，
低脂大骨高湯 4000c.c.

藥材：陳皮 50 克

調味料：豆腐乳 100 克，醬油、米酒各 100c.c.，
鹽 1 小匙，糖 3 小匙

作法：
1. 材料（高湯除外）洗淨。羊肉切塊；腐竹油炸；白果去殼和膜；蒜苗切斜片。
2. 蔥段、薑片、蒜頭和豆腐乳炒香，加入羊肉、醬油拌炒。
3. 作法2和荸薺、白果、高湯放入內鍋，外鍋加2杯水燉煮。
4. 待開關跳起，加鹽、糖、米酒和蒜苗片、腐竹拌勻即可。

滋補功效

腐竹富含蛋白質和卵磷脂，可清除血中膽固醇，防止動脈硬化。荸薺具有清熱化痰、助消化的功效，所含荸薺英還可抗癌、降血壓。

防止便祕＋促進乳汁分泌

艾草羊肉湯

熱量 375 大卡

材料：羊肉 150 克，紅棗 10 顆，薑 3 片，艾草葉（乾）15 克，水 2 杯
調味料：米酒 1 大匙，鹽 1/4 小匙
作法：
1. 材料洗淨。薑切片；艾草葉切段；羊肉切塊，汆燙。
2. 所有材料、調味料和水放入內鍋，外鍋加 2 杯水，煮至開關跳起即可。

滋補功效

艾草能溫經散寒。羊肉可補虛勞、益氣血、開胃、通乳。薑則能溫熱身體，防止便祕。此道湯品有利於產婦身體復原，分泌乳汁。

滋陰補血＋增強免疫力

蒜香羊肉片湯

熱量 577 大卡

材料：羊肉片 250 克，大蒜 80 克，大白菜塊 100 克，薑片 30 克
藥材：枸杞 5 克，當歸 1 片
調味料：鹽 1 小匙，米酒 50c.c.
作法：
1. 羊肉片洗淨汆燙；藥材洗淨；大蒜去皮，油炸至微黃。
2. 所有材料（羊肉片除外）、藥材、米酒和水放入內鍋。
3. 外鍋加 1/2 杯水，煮至開關跳起。
4. 放入羊肉片，外鍋加 1/4 杯水，待開關再次跳起，加鹽調味即可。

滋補功效

當歸可滋陰潤燥、補血、增強免疫力，常與性熱溫補的羊肉一起烹調。另加入大蒜燉湯，可祛寒暖胃，所含蒜素具有殺菌功效。

活血調經＋改善手腳冰冷

參耆羊肉湯

熱量 597 大卡

材料：羊肉片 300 克，黃耆、黨參各 15 克，桂枝 5 克，薑 3 片

調味料：鹽 1/4 小匙

作法：
1. 羊肉片洗淨，汆燙，撈出備用；黃耆、黨參、桂枝洗淨。
2. 所有材料（桂枝除外）和水放入內鍋，外鍋加 2 杯水。
3. 待開關跳起，放入桂枝，外鍋加 1/2 杯水煮熟，加鹽調味即可。

滋補功效

女性到了冬天，常會有四肢冰冷的情形，喝個羊肉湯，不僅暖胃，更可使手腳不再冰冷。桂枝屬於溫補藥材，具調經活血之效。

補虛助性＋強化器官

時蔬羊肉湯

熱量 704 大卡

材料：羊腩肉 300 克，洋蔥 150 克，白花椰菜 100 克，紅蘿蔔 50 克，大骨高湯 1500c.c.

調味料：白酒 2 大匙，鹽 1 小匙，黑胡椒粉少許

作法：
1. 所有材料（大骨高湯除外）洗淨。
2. 羊肉切塊；洋蔥、紅蘿蔔去皮切塊；白花椰菜切小朵。
3. 作法 1、白酒和大骨高湯放入內鍋，外鍋加 2 杯水。
4. 開關跳起後，加鹽和黑胡椒粉即可。

滋補功效

羊肉有補腎壯陽、暖中祛寒、開胃健脾的功效，然其性溫熱，而此湯中之蔬菜屬性多偏涼，正可互補，適合各類體質者食用。

益精補腎＋止咳化痰

薑絲羊肉羹

熱量 **546** 大卡

材料：瘦羊肉 200 克，大白菜 150 克，黑木耳 60 克，竹筍 40 克，薑絲 30 克，腐皮 20 克，紅辣椒 1 支

調味料：鹽 1/2 小匙，太白粉水 2 小匙

作法：

1. 材料洗淨。蔬菜切絲；瘦羊肉切絲，汆燙後撈出沖淨。
2. 蔬菜、薑絲和水放內鍋，外鍋加 1/2 杯水。
3. 開關跳起後放入瘦羊肉，外鍋加 1/4 杯水，煮至開關再次跳起。
4. 倒入太白粉水勾芡，加鹽調味即可。

滋補功效

羊肉性熱，富含蛋白質、維生素及鈣、鐵、磷等多種營養素，有益精補腎、養心肺、解熱毒等功效，對貧血體虛、咳嗽、氣管炎皆有改善作用。

潤肺養心＋滋潤肌膚

蔬菜羊肉鍋

熱量 1298 大卡

材料：帶皮羊肉600克，高麗菜200克，洋蔥100克，紅蘿蔔30克，老薑片20克

調味料：鹽1小匙，米酒50c.c.

作法：
1. 帶皮羊肉洗淨切塊，汆燙後撈出沖淨。
2. 洋蔥、紅蘿蔔去皮，洗淨切塊；高麗菜逐葉洗淨切片。
3. 所有材料、米酒和水放入內鍋，外鍋加2杯水。
4. 煮至開關跳起。加鹽拌勻即可。

滋補功效
羊肉富含蛋白質、維生素及鈣、鐵、磷等多種營養素，能潤肺養心、滋潤肌膚。食用後可促進血液循環，有禦寒暖身的功效。

Chapter 7 電鍋輕鬆燉鴨肉湯

鴨肉湯品

《本草綱目》記載，鴨肉有養胃補腎、清熱消腫的功效，與熱性食材搭配，可祛除寒涼、促進血液循環。因其維生素B群、E含量豐富，有助抗老化，並保護心臟；不飽和脂肪酸則能降膽固醇、預防心血管疾病。

廚藝大行家

達人教您挑鴨肉

❶ 新鮮的鴨肉柔軟有彈性，肉色呈棕紅色，聞起來沒有異味，表皮也不該有黏液等異物。
❷ 選購鴨肉時，應選擇胸骨勻稱、腳翅外形正常、肉質結實有彈性、表面無破損者為佳。

處理鴨肉有一套

❶ 市面上販賣的鴨肉，通常已經做好初步處理，像是去除內臟、切塊等，所以購買回家後，只要用清水沖洗乾淨即可。若買到生鴨，先從背部剖開，清除內臟，洗淨，再剁成適當的大小。
❷ 鴨肉與山藥一起料理可去油膩，搭配大白菜食用則能消除水腫。

保存鴨肉這麼做

先將鴨肉清洗乾淨，便可以裝入夾鍊袋中，放入冰箱冷凍。一般而言，冷凍保存的鴨肉大約可放置15天。

美味知識小專欄

❶ 鴨肉中的蛋白質含量高，且含有易溶於水的膠原蛋白和彈性蛋白，女性不妨適量攝取，可使皮膚光滑細緻。
❷ 鴨肉性寒，宜搭配薑等熱性食材一起食用，可讓全身發熱，促進血液循環，適合作為天氣寒冷時的進補料理。

鴨肉小檔案　養胃補腎＋利尿消腫

種類：北京鴨、番鴨
食療功效：滋陰養血、益胃生津、防癆止嗽
主要營養成分：蛋白質、脂肪、維生素A、B群、鐵、鉀、鋅

鴨肉食療效果Q&A

Q 吃鴨肉可消除水腫？

中醫認為，鴨肉有養胃、補腎的功效，能清熱、消腫，尤其適合體內熱氣引起大便乾結、水腫症狀者食用。《本草綱目》中記載，鴨肉可消熱毒，利小便，除水腫，適合因疾病、營養不良引起水腫症狀的人食用。孕婦在懷孕期間，靜脈受胎兒壓迫，在雙腳、腹部，甚至身體其他部位也會有水腫現象，可吃鴨肉消腫。

Q 常吃鴨肉能保護心臟健康？

鴨肉含有蛋白質、脂肪、維生素A、B群、E、鐵、鋅、銅、鉀等微量元素。所含脂肪中，以不飽和脂肪酸和短鏈的飽和脂肪酸為主，且維生素B群、E的含量較其他肉類高；除了能降低膽固醇，還有益心血管健康，適合膽固醇過高的人食用。鴨肉中的鐵、鉀、鋅、銅等營養素，還可維持人體酸鹼平衡，有益心血管的功能和代謝；菸鹼酸則能降血脂，可防治心絞痛和心肌梗塞。

Q 鴨肉有益癌症患者食用？

癌症患者在接受化療和放射治療時，可適量吃些鴨肉，不僅可補充體力，也能藉此舒緩治療所產生的不適。鴨肉性寒、味甘，適合容易上火、體內有熱的人食用。癌症患者接受放療時，若出現熱性症狀，也適合以鴨肉調養，可清熱、解毒、消腫。癌症患者化療後，容易出現陰虛現象，例如咽喉乾啞、煩躁易怒、失眠等，也適合以鴨肉調養。

生津潤肺＋養顏益膚

酸菜鴨湯

熱量 391 大卡

材料：鴨肉、嫩豆腐各300克，酸菜150克，草菇30克，薑片15克

調味料：鹽1/2小匙，紹興酒3小匙，白醋50c.c.

作法：
1. 鴨肉洗淨切塊，汆燙後瀝乾。
2. 酸菜洗淨，汆燙切塊；草菇洗淨對切；豆腐洗淨切塊。
3. 材料和水放內鍋，外鍋加1又1/2杯水。
4. 開關跳起後，加鹽、白醋拌勻，再倒入紹興酒調勻。

滋補功效

鴨肉富含蛋白質、維生素及礦物質，其營養價值高，具有清熱潤肺、生津養胃的功能，與薑一起烹調，能溫暖身體、促進血液循環。

平喘止咳＋降膽固醇

脆瓜鴨湯

材料：鴨肉塊300克，脆瓜70克，草菇、白果各20克，薑15克，雞高湯2000c.c.

調味料：鹽1/2小匙，當歸酒1小匙

作法：
1. 鴨肉塊洗淨，汆燙去腥，撈出沖淨。
2. 薑去皮洗淨、切片；草菇、白果洗淨。
3. 所有材料和水放入內鍋，外鍋加2杯水。
4. 煮至開關跳起，加入調味料調勻即可。

滋補功效

白果含蛋白質、脂肪、澱粉、維生素B_{12}及多種胺基酸，可收斂肺氣、平喘止咳。草菇營養豐富，具抗癌、降血壓和膽固醇的功效。

熱量 299 大卡

美白潤膚＋健脾開胃

冬瓜鴨肉湯

熱量 **682** 大卡

材料：冬瓜300克，鴨肉200克，
薏仁100克，薑片30克
藥材：南杏20克，陳皮2片，茯苓1片
調味料：鹽1小匙

作法：

1. 冬瓜去皮洗淨，去籽切塊；薏仁泡水2小時，撈出。
2. 鴨肉洗淨切塊，放入滾水中汆燙，撈出沖淨。
3. 所有材料、藥材和水放入內鍋，外鍋加1又1/2杯水，煮至開關跳起，加鹽拌勻即可。

滋補功效

薏仁富含薏苡素、胺基酸等營養素，有利尿消腫、清熱解毒、潤澤肌膚的功效。茯苓具有健脾開胃、鎮靜安神等功效，能改善消化不良的症狀。

清熱化痰＋滋陰潤燥

青紅蘿蔔燉老鴨湯

熱量 407 大卡

材料： 青蘿蔔、紅蘿蔔、白蘿蔔各100克，鴨肉250克，薑片30克，低脂龍骨高湯5000c.c.
藥材： 月桂葉4片，陳皮1片，南杏、北杏各30克，蜜棗3顆
調味料： 糖1小匙，鹽1/2小匙
作法：
1. 鴨肉洗淨切塊，汆燙沖淨；蘿蔔去皮洗淨，切滾刀塊。
2. 全部材料、藥材和高湯放入內鍋，外鍋加2杯水煮熟，加調味料即可。

滋補功效
青蘿蔔纖維質較豐富，有助腸胃蠕動，並可清熱化痰、增強免疫力。鴨肉富含蛋白質和不飽和脂肪酸，有滋陰潤燥、利尿消腫之效。

補中益氣＋清熱補血

北耆陳皮燉老鴨湯

材料： 老鴨半隻，北耆、黨參各15克，陳皮2片，薑3片，紅棗40克
作法：
1. 老鴨洗淨切塊，汆燙後撈出備用。
2. 紅棗、北耆洗淨；陳皮泡水至軟，刮掉白色苦瓤。
3. 所有材料和水放入內鍋，外鍋加2杯水，煮至開關跳起即可。

滋補功效
陳皮能改善消化不良，及調理食慾不振和咳嗽等症狀。加上具有補中益氣、增強身體免疫力功效的北耆，使整鍋湯更加滋補營養。

熱量 740 大卡

補腎固精＋健脾止瀉

芡實燉老鴨

熱量 1317 大卡

材料：老鴨1隻，米酒30c.c.，薑30克，蔥50克
藥材：芡實30克
調味料：鹽適量

作法：
1. 將芡實去雜質，淘洗乾淨。
2. 老鴨去內臟，清洗乾淨，切塊汆燙；薑洗淨切片；蔥洗淨切段。
3. 所有材料、藥材和水放入內鍋，外鍋加2杯水。煮至開關跳起，加鹽調味即可。

滋補功效
芡實燉老鴨具有補腎固精、健脾止瀉、祛溼止帶的功效。有遺精、泄瀉等症的男性朋友不妨多食。

滋陰養胃＋促進循環

山藥當歸鴨肉湯

熱量 **429** 大卡

材料：鴨腿2隻，當歸鴨中藥材1帖，山藥100克，水4杯
調味料：米酒1大匙，鹽1小匙
作法：
1. 鴨去雜毛，洗淨剁塊，汆燙；藥材洗淨；山藥去皮洗淨切塊。
2. 鴨、藥材、米酒和水放入內鍋，外鍋加1又1/2杯水。
3. 開關跳起後放入山藥，外鍋加1/4杯水。
4. 待開關再次跳起，加鹽調勻即可。

滋補功效
當歸可增加身體免疫力。鴨肉含蛋白質和維生素B_1、B_2，具有滋陰養胃的作用，且可增強體力。山藥可促進血液循環，幫助消化。

改善便祕＋保護視力

金針鴨肉湯

熱量 **549** 大卡

材料：鴨1/2隻，金針40克，老薑50克，水1500c.c.
調味料：鹽1/4小匙，米酒1大匙
作法：
1. 鴨剁小塊，汆燙後撈出備用。
2. 金針泡水至脹發，去蒂打結；老薑去皮切片，備用。
3. 所有材料和調味料放入內鍋，外鍋加2杯水，煮至開關跳起。

滋補功效
金針頗具食療價值，富含維生素A、膳食纖維，能促進腸胃蠕動，並有保護視力的功效。孕婦多吃金針，可有效改善便祕。

改善身體功能＋利尿消腫

芋香鴨肉煲

熱量 **244** 大卡

材料：鴨肉300克，芋頭100克，芫荽（香菜）10克

調味料：鹽1/2小匙

作法：
1. 所有材料洗淨。鴨肉切塊，汆燙沖淨；芋頭去皮切塊。
2. 將作法1和水放入內鍋，外鍋加1杯水。
3. 開關跳起後，燜30分鐘，加鹽調味，撒上芫荽即可。

滋補功效

鴨肉性寒、味甘、鹹，具有大補虛勞、滋五臟之陰、清虛勞之熱的功效。芋頭則補中益肝腎、益胃健脾，兩者搭配更是相得益彰。

滋陰潤肺＋滋補五臟

陳皮燉水鴨

材料：水鴨600克，水梨1顆，薑30克，低脂雞高湯1200c.c.

藥材：陳皮2片，南杏20克，北杏10克

調味料：糖、鹽各1小匙，米酒50c.c.

作法：
1. 水鴨處理乾淨，汆燙5分鐘，撈起洗淨；南、北杏洗淨。
2. 陳皮洗淨，泡軟、去瓤；水梨去皮，對切成4塊，去核。
3. 所有材料、藥材和高湯放入內鍋，外鍋加2杯水。
4. 煮至開關跳起，加入調味料調勻即可。

滋補功效

南杏是甜杏仁，北杏為苦杏仁，兩者皆具有滋陰潤肺、平喘止咳的功效。鴨肉富含微量元素和完全蛋白質，可滋補五臟、養胃生津。

熱量 **480** 大卡

開胃健脾＋清熱潤腸

蟲草煲鴨湯

熱量 643 大卡

材料：鴨肉600克，無花果4粒，薑4片，低脂高湯1200c.c.
藥材：冬蟲夏草6根，紅棗10粒，陳皮1片
調味料：鹽1/2小匙，糖1小匙
作法：
① 鴨肉洗淨切塊，汆燙沖淨；冬蟲夏草、無花果洗淨。
② 紅棗泡水洗淨；陳皮泡水、去瓤，洗淨備用。
③ 所有材料、藥材、高湯和調味料放入內鍋。
④ 外鍋加2杯水，煮至開關跳起即可。

滋補功效

冬蟲夏草含有多種營養素，具止咳化痰、滋補肺腎之效。無花果含多種天然果酸，可開胃健脾，幫助消化，並能清熱潤腸、消腫解毒。

涼血降火＋消腫解毒

冬筍鴨絲羹

熱量 440 大卡

材料：鴨肉250克，冬筍絲80克，紅蘿蔔絲40克，黑木耳絲、大白菜片、昆布片、腐竹片、柳松菇各30克

調味料：鹽1/2小匙，太白粉水2大匙，烏醋、香油各1/3小匙

作法：
1. 材料洗淨。鴨肉切絲汆燙。
2. 材料（鴨肉絲除外）和水放入內鍋，外鍋加1/2杯水。
3. 煮至開關跳起，放入鴨肉絲，外鍋加1/2杯水。
4. 待開關再次跳起，以太白粉水勾芡，加鹽、烏醋、香油拌勻即可。

滋補功效

鴨肉富含不飽和脂肪酸、維生素B群等營養素，具滋陰補虛、提高免疫力的功效。鴨肉和昆布同食，具涼血降火、消腫解毒的作用。

Chapter 8 電鍋煮鍋蔬菜湯

蔬菜湯品

蔬菜保健功效多,能抗氧化、預防癌症、維持大腦功能、提升記憶力。食用高纖蔬菜湯,既能補充身體所需養分,還可以幫助清理腸胃、促進新陳代謝,對身體功能有良好的助益,使人元氣充沛,恢復滿滿的活力。

廚藝大行家

達人教您挑蔬菜

1. **仔細看**:新鮮蔬菜顏色應青翠、有光澤,無變黃及斑點。
2. **試觸感**:顆粒狀的瓜果根莖類蔬菜,宜用手捏握,若感覺重量沉甸,外皮摸起來光滑、有彈性,無芽眼者較鮮嫩多汁。
3. **聞味道**:新鮮蔬菜帶有一股自然的清香,沒有受潮、發臭的異味。

處理蔬菜有一套

1. 用鹽水去除農藥的效果與清水差不多,直接使用流動的清水沖洗更方便。
2. 包葉菜(高麗菜、大白菜)宜逐葉沖洗;小葉菜(青江菜、小白菜)先切除根部,再張開葉片直立沖洗;根莖類(蘿蔔、番薯)清洗後去皮,可去除表皮髒汙;瓜果類(苦瓜、小黃瓜)切除易堆積農藥的凹陷果蒂,再沖淨。

保存蔬菜這麼做

購買回來的蔬菜,最好趁新鮮及早烹調食用,也可以將蔬菜汆燙,保鮮膜包覆後冰凍處理,較能保存蔬菜中的維生素。由於存放在冰箱中的蔬菜,仍會逐漸流失營養素,所以最好不要讓蔬菜在冰箱中存放超過3天。

蔬菜小檔案　高纖排毒＋美容護膚

種類：葉菜類、根莖類、瓜果類、菇蕈類
食療功效：健腦防癌、窈窕瘦身、改善痛風及心血管疾病
主要營養成分：膳食纖維、維生素、類胡蘿蔔素、葉黃素、茄紅素

蔬菜食療效果Q&A

Q 多吃蔬菜能預防腸道老化？

人體容易累積不少未經消化與分解的毒素，新鮮蔬菜含豐富膳食纖維，是腸道中的優質清道夫。每天攝取充足的膳食纖維，不僅能發揮清腸排毒的功效，還能促進腸道蠕動、防止便祕，使體態輕盈美麗。

膳食纖維也是創造腸道益菌的重要來源，能使壞菌無法生存，進而預防腸道老化，避免發生各種病變。

Q 蔬菜是最好的美容保養品？

蔬菜富含多種營養素，是最天然的美容保養品。如膳食纖維是使肌膚潔淨光滑的重要營養素；鐵質具有優質補血效果，能使氣血暢通；花青素能清除體內自由基，使肌膚免受輻射侵襲，延緩肌膚老化。

維生素A可幫助皮膚的皮脂腺正常分泌，有效對抗青春痘；維生素C能保持皮膚年輕健康，抑制黑色素形成；維生素E則能修護肌膚細胞，維持肌膚彈性有光澤。

Q 多吃蔬菜能有效防癌？

蔬菜中的營養素包含維生素B_1、B_2、C、E以及β-胡蘿蔔素，也含有豐富的礦物質，例如鈣、鉀、鐵、鎂等，有助身體組織的正常發展。其中β-胡蘿蔔素具有較佳的抗氧化能力，和維生素C、E為最重要的抗氧化物質，可以和人體內的自由基結合，保護細胞膜上的不飽和脂肪酸不受氧化破壞，避免有害物質與細胞接觸後造成細胞變異，減低正常細胞轉變為癌細胞的機率。

大廚傳授蔬菜湯美味祕訣

❶ 燉煮根莖類蔬菜湯時，食材體積通常比較大塊，且其組織結構緊密，故應使用冷水下鍋烹煮，如此能讓食材隨著溫度加熱，慢慢釋放出營養與香氣。

❷ 在蔬菜高湯中，熬煮一塊鮮嫩的豆腐，再以薑汁調味，能使人充滿元氣。

營養師小叮嚀

❶ 大病初癒的患者或體質較為虛弱的人，不宜食用屬性偏寒涼的蔬菜，如苦瓜、黃瓜、冬瓜等。

❷ 平時感到胸腹脹悶或消化不良者，須少吃澱粉質含量過多的蔬菜，如山藥、馬鈴薯、芋頭和豆類。

❸ 高血壓患者避免食用醃漬、冷凍或罐頭蔬菜，以免加重身體負擔。

美味知識小專欄

在滾水中加入少量鹽和沙拉油，放入蔬菜汆燙30秒後撈起，再放入乾淨冷水中浸泡，即能保持蔬菜的鮮綠色澤。

吸附油脂＋預防落髮

酸辣湯

熱量 352 大卡

材料：嫩豆腐絲、筍絲、黑木耳絲、紅蘿蔔絲、金針菇、豆包絲各80克，酸菜30克，芫荽（香菜）5克

調味料：醬油2大匙，胡椒、白醋、烏醋各1小匙，太白粉水5大匙，香油1/2小匙

作法：
1. 酸菜洗淨切絲；金針菇去除根部，洗淨切半。
2. 材料（芫荽除外）和水放入內鍋，外鍋加1杯水煮至開關跳起。
3. 倒入太白粉水勾芡，加其餘調味料，撒上芫荽即可。

滋補功效
筍含粗纖維，可吸附腸道多餘油脂，減少脂肪囤積。黑木耳富含鐵、鈣等營養成分，能補血、預防白髮及落髮。

排毒通便＋增強免疫力

翡翠百菇羹

熱量 422 大卡

材料：鴻喜菇、杏鮑菇、美白菇、金針菇、香菇、干貝各 5 克，蝦米 35 克，芥藍菜 30 克

調味料：鹽、香油各 1 小匙，太白粉水 3 大匙

作法：
1. 材料洗淨；香菇、杏鮑菇切絲；芥藍菜切碎；蝦米、干貝泡軟。
2. 所有材料和水放入內鍋，外鍋加 1 杯水。開關跳起後，以太白粉水勾芡，加鹽拌勻，淋入香油即可。

滋補功效
菇類富含膳食纖維，具有整腸通便的效果；且含多醣體，能提升免疫力、抑制癌細胞；另含有多種胺基酸，能促進成長發育。

清熱利溼＋養顏美容

百合海帶松菇湯

材料：百合、海帶各 100 克，紅蘿蔔、豌豆莢各 10 克，竹筍、黑木耳、柳松菇各 50 克

調味料：鹽 1 小匙，香油 1/4 大匙

作法：
1. 材料洗淨。竹筍、紅蘿蔔去皮切絲；黑木耳、豌豆莢、海帶切絲。
2. 所有材料和水放入內鍋，外鍋加 1 杯水。
3. 煮至開關跳起，加鹽、香油拌勻即可。

滋補功效
海帶的鈣質含量豐富，特殊的藻膠酸，具有防治骨頭痠痛和止血的功效。百合豐富的蛋白質和維生素，能美容養顏、幫助消化。

熱量 264 大卡

補中益氣＋防癌抗老
百菇大補湯

熱量 524 大卡

材料：乾干貝4個，黑木耳30克，香菇、巴西蘑菇、美白菇、柳松菇、蘑菇、松茸各60克
藥材：紅棗、黑棗各3顆
調味料：鹽1小匙，米酒10c.c.
作法：
1. 乾干貝泡軟；其餘菇類、藥材洗淨備用。
2. 所有材料、藥材和水放內鍋，外鍋加1杯水。
3. 煮至開關跳起，加調味料拌勻即可。

滋補功效
巴西蘑菇富含葡聚醣及甘露聚醣，能提高免疫力，發揮防癌功效。紅棗和黑棗皆有滋陰補血、養心安神的功效，能增進湯品芳香滋味。

潤腸通便＋降膽固醇

鮮菇豆腐筍片湯

熱量 **333** 大卡

材料：草菇300克，冬筍140克，豆腐2塊，芫荽（香菜）20克

調味料：鹽2小匙，麻油1小匙

作法：

1. 材料洗淨。草菇去蒂頭，底部劃十字。
2. 冬筍去殼切塊；豆腐切小塊；芫荽切末。
3. 所有材料（芫荽除外）和水放入內鍋，外鍋加1杯水。
4. 煮至開關跳起，加調味料拌勻，再撒上芫荽即可。

滋補功效

竹筍中的粗纖維，可促進腸胃蠕動，幫助消化，改善便祕症狀。豆腐含有優質蛋白質、維生素E和多種微量元素，能降低膽固醇。

延緩衰老＋保健視力

什錦蔬菜湯

熱量 **430** 大卡

材料：蘑菇、豬肉塊、紅蘿蔔、香菇各100克，山藥200克

調味料：鹽1小匙，香油1/2小匙

作法：

1. 材料洗淨；豬肉塊汆燙瀝乾。山藥、紅蘿蔔去皮切塊；蘑菇、香菇切塊。
2. 所有材料和水放內鍋，外鍋加1杯水。煮至開關跳起，加鹽、香油調味即可。

滋補功效

山藥富含蛋白質和多種胺基酸，不但能維持血糖穩定，預防疾病，還能延緩衰老。紅蘿蔔富含維生素A，是保健視力的重要元素。

改善視力＋預防高血壓

紅蘿蔔海帶湯

熱量 80 大卡

材料：海帶結200克，紅蘿蔔100克，薑片20克
調味料：鹽1小匙
作法：
① 海帶結洗淨；紅蘿蔔洗淨，去皮切塊。
② 所有材料和水放入內鍋，外鍋加1杯水。
③ 煮至開關跳起，加鹽拌勻即可。

滋補功效

紅蘿蔔富含胡蘿蔔素和礦物質，能消除眼睛疲勞，有助改善視力、增強免疫力。海帶含有豐富的碘，可預防高血壓、動脈硬化等疾病。

養顏美容＋對抗腫瘤

防癌蔬菜湯

熱量 424 大卡

材料：紅蘿蔔、白蘿蔔、牛蒡各200克，乾香菇10朵，白蘿蔔葉適量
調味料：鹽1小匙，胡椒粉少許
作法：
1. 材料洗淨。紅蘿蔔、白蘿蔔去皮切塊。
2. 牛蒡去皮切段；乾香菇泡發去蒂；白蘿蔔葉切段。
3. 所有材料和水放入內鍋，外鍋加1杯水。
4. 煮至開關跳起，加鹽拌勻，再撒上胡椒粉即可。

滋補功效
白蘿蔔含有多種營養素，其中的木質素可提升免疫力，對於癌症也有很好的預防效果。白蘿蔔葉對於預防黑斑、改善青春痘，都有不錯的效果。

改善便祕＋利溼排毒

薏仁鮮蔬湯

材料：秀珍菇80克，香菇8朵，薏仁、蓮藕、紅蘿蔔各120克
調味料：麻油、鹽各1小匙，胡椒粉適量
作法：
1. 材料洗淨。薏仁泡水30分鐘；紅蘿蔔、蓮藕去皮切片。
2. 所有材料和水放入內鍋，外鍋加1杯水。
3. 煮至開關跳起，加麻油、鹽拌勻，撒上胡椒粉即可。

滋補功效
薏仁具有利尿消腫、消炎鎮痛等功效，適量食用能讓肌膚滋潤白皙，同時還有消除水腫、減肥的作用。蓮藕的鐵質含量豐富，有助於改善貧血問題。

熱量 354 大卡

促進消化＋提升代謝

番薯葉豆腐羹

熱量 159 大卡

材料：番薯葉200克，豆腐1塊，紅蘿蔔30克
調味料：胡椒粉、鹽各少許，香油1/2小匙，太白粉水1小匙

作法：
1. 材料洗淨。番薯葉切段；豆腐切塊；紅蘿蔔去皮，切塊。
2. 所有材料和水放入內鍋，外鍋加1/2杯水。
3. 煮至開關跳起，以太白粉水勾芡，加鹽、香油、胡椒粉拌勻即可。

滋補功效
番薯葉中的礦物質和膳食纖維，能促進腸道蠕動，改善消化功能。豆腐富含蛋白質和鈣質，可調整腸道代謝能力，有助於保持腸道健康。

保護血管＋清除毒素

牛蒡山藥蓮藕湯

熱量 566 大卡

材料：牛蒡、茭白筍、紫山藥、蓮藕各200克，薑片20克
調味料：鹽1小匙
作法：
① 牛蒡、茭白筍、蓮藕、紫山藥均洗淨，去皮切塊。
② 所有材料和水放入內鍋，外鍋加1杯水。
③ 煮至開關跳起，加鹽調味即可。

滋補功效

牛蒡含有豐富的蛋白質、醣類和多種礦物質，對於糖尿病、高血脂症、動脈硬化，均有明顯療效。蓮藕含有豐富的鐵質，經常食用，可改善貧血症狀。

穩定情緒＋補充元氣

鮮蔬豆腐湯

熱量 399 大卡

材料：洋蔥、馬鈴薯、高麗菜各200克，豆腐100克，紅蘿蔔120克，蔥1支
調味料：鹽1小匙
作法：
① 材料洗淨。洋蔥、馬鈴薯、紅蘿蔔去皮切片。高麗菜切片；蔥切段；豆腐切塊。
② 所有材料和水放入內鍋，外鍋加1又1/2杯水，煮至開關跳起，加鹽拌勻即可。

滋補功效

洋蔥有擴張血管、降低血脂等作用；且其中的硫化物和微量元素硒，能防癌、抗老。馬鈴薯富含鉀，能預防高血壓、改善氣喘。

修補血管＋抗氧化

什錦豆腐湯

熱量 394 大卡

材料：金針菇200克，竹輪60克，
　　　海帶結、嫩豆腐各100克，柴魚片20克
調味料：醬油1小匙，米酒1大匙
作法：
1. 金針菇洗淨切段；柴魚片裝入紗布袋中。
2. 將海帶結、紗布袋和水放入內鍋，外鍋加1/2杯水。
3. 開關跳起後，燜5分鐘，取出紗布袋，放入剩餘材料。
4. 外鍋加1杯水，待開關再次跳起，加調味料拌勻即可。

滋補功效

海帶富含碘、鈣等微量元素，能治療甲狀腺腫大，並有降血脂、血壓的作用。柴魚能利尿止血，對牙齦出血、水腫，皆有不錯的療效。

強心消脂＋活化細胞

高麗菜豆腐湯

熱量 **422** 大卡

材料：油豆腐250克，鮮香菇2朵，高麗菜150克，紅蘿蔔50克，青江菜20克

調味料：鹽1小匙

作法：
1. 材料洗淨。高麗菜撕片狀；紅蘿蔔去皮切片。
2. 所有材料和水放入內鍋，外鍋加1杯水。
3. 煮至開關跳起，加鹽調味即可。

滋補功效

高麗菜中的維生素K、U，分別具有凝固血液、修復胃黏膜的作用。青江菜含有豐富的維生素C、鈣質及葉酸，有助於預防心血管疾病及便祕。

美容養顏＋促進代謝

黃瓜鮮湯

材料：大黃瓜、豆皮各200克，乾黑木耳、薑絲各20克

調味料：鹽1小匙，麻油1/2小匙

作法：
1. 材料洗淨。大黃瓜去皮和籽，切片；豆皮切條；黑木耳泡發切絲。
2. 所有材料和水放入內鍋，外鍋加1杯水。
3. 煮至開關跳起，加鹽調味，再淋入麻油即可。

熱量 **472** 大卡

滋補功效

黑木耳含植物性蛋白質、鐵質等多種營養素，具有抗血小板凝集、增加血管彈性的功效；果膠則可促進宿便排出。黃瓜富含黃瓜酶，能提升代謝、美容養顏。

養顏美容＋提升代謝

鮮蔬豆腐蛋花湯

熱量 230 大卡

材料：嫩豆腐 250 克，番茄 100 克，小白菜 20 克，蛋液 1 顆

調味料：鹽 1 小匙

作法：
1. 材料洗淨。番茄、嫩豆腐切塊；小白菜切段。
2. 材料（蛋液除外）和水放入內鍋，外鍋加 1/2 杯水。
3. 煮至開關跳起，倒入蛋液燜熟，加鹽即可。

滋補功效

小白菜富含維生素及微量元素，能預防癌症、養顏美容、強化人體代謝功能。番茄中的茄紅素，具有預防心血管疾病、延緩衰老等功效。

清熱解毒＋補血止血

莧菜豆腐羹

熱量 159 大卡

材料： 莧菜150克，嫩豆腐1/2盒，
　　　　紅蘿蔔、火腿各20克，薑5克

調味料： 低脂高湯4杯，鹽、香油各1小匙，
　　　　　太白粉水1大匙

作法：
1. 材料洗淨。嫩豆腐切丁；紅蘿蔔去皮，切末。
2. 薑與火腿均切末；莧菜汆燙後沖涼切碎。
3. 材料（莧菜除外）、鹽和高湯放入內鍋，外鍋加1/2杯水。
4. 開關跳起後加入莧菜，以太白粉水勾芡，淋上香油即可。

> **滋補功效**
> 中醫認為，莧菜具有解毒清熱、補血止血、通利小便等功效；且民間一向視莧菜為「補血佳蔬」，故有「長壽菜」之美稱。

養顏美容＋抗紫外線
蘑菇蔬菜奶香濃湯

熱量 1718 大卡

材料：高麗菜、蘑菇片、西洋芹丁、洋蔥丁各200克，雞胸肉、玉米粒各100克，鮮奶100c.c.

調味料：麵粉、奶油各100克，鹽1小匙

作法：
1. 材料洗淨。高麗菜切片；雞胸肉剁碎。
2. 乾鍋放入奶油燒至融化，加上麵粉拌成麵糊。
3. 所有材料和水放入內鍋，外鍋加1杯水。
4. 煮至開關跳起，放入作法2拌勻，加鹽調味即可。

滋補功效
雞肉含有多種人體必需胺基酸，是優質的蛋白質來源。玉米富含維生素C、E，有助於養顏美容，並可降低紫外線對肌膚的傷害。

利水消腫＋預防癌症
奶油薏仁蔬菜湯

熱量 1933 大卡

材料：高麗菜、洋蔥、紅蘿蔔各300克，西洋芹200克，薏仁100克，培根50克，豌豆仁20克，牛奶200c.c.

調味料：奶油100克，鹽1小匙

作法：
1. 材料洗淨。薏仁泡水；培根切片。
2. 高麗菜、西洋芹切小塊；洋蔥、紅蘿蔔去皮切丁。
3. 所有材料、奶油和水放入內鍋，外鍋加1杯水。
4. 煮至開關跳起，加鹽調味即可。

滋補功效
薏仁具有利水消腫之效。洋蔥中的硫化物和微量元素硒，能預防癌症、延緩衰老。豌豆富含維生素A，對於潤澤肌膚有極佳效果。

電鍋溫暖上甜湯

五穀雜糧甜湯

五穀雜糧常見的營養素有：蛋白質、脂肪、維生素、鈣、鉀、鐵、鋅與膳食纖維，這些營養素具有不同的特性，能在人體中發揮不同的功效，適量攝取五穀雜糧，能使人精力充沛、渾身散發活力。

 廚藝大行家

達人教您挑五穀雜糧

1. **全穀類**：選購五穀雜糧時，務必選用新鮮食材。若有破損、變色者，則不宜購買；如果食材已經出現部分發霉的現象，剩餘部分也不可再食用。
2. **豆　類**：選用顏色明亮飽滿，豆粒大小均勻，顆粒結實豐滿者為佳。
3. **堅　果**：注意外觀是否飽滿完整、色澤均勻與否、果實有無受潮。

處理五穀雜糧有一套

1. 烹煮五穀雜糧前，須先用清水將雜質或灰塵沖洗乾淨，再泡水一段時間，料理時才能快速入味。
2. 生豆含有胰蛋白酶抑制因子，會抑制蛋白質的消化，食用前務必煮熟。

保存五穀雜糧這麼做

1. 五穀雜糧最忌潮溼與陽光直射，陰涼通風處則是最理想的存放地點。
2. 剛購買的食材若需保存，可選用密封加蓋的保鮮盒，且須在期限內盡快食用完畢，以免食材發霉、變質，產生黃麴毒素，對人體造成嚴重傷害。

五穀雜糧小檔案 排毒養顏＋抗老紓壓

種類：穀類、豆類、堅果類
食療功效：消化整腸、防癌抗老、清除毒素、平衡酸鹼
主要營養成分：蛋白質、膳食纖維、維生素B群、E、鉀、鈉、鎂

五穀雜糧食療效果 Q&A

Q 五穀雜糧為什麼能預防過敏？

五穀雜糧含豐富的醣類和蛋白質，是提供體力和抵抗力的基礎食物；其中有大量的膳食纖維，可將腸內的廢物和油脂排出體外。有些穀類還含有強力抗氧化劑—花青素，能保護人體，增強細胞活力，抑制發炎和過敏。非精製的穀類，富含維生素B群、多種礦物質和微量元素，可預防過敏、幫助肝臟解毒，並能調節免疫功能，幫助人體抵禦外來病毒和疾病。

Q 多吃五穀雜糧能預防癌症？

攝取抗氧化酵素含量多的食物，能減少有毒物質在體內形成致癌因子，降低癌症發生率。穀類含豐富抗氧化酵素，能預防代謝過程中產生自由基，對人體造成傷害；還能避免產生致癌物，預防癌症發生。

豆類含維生素C、E，兩者結合能抗氧化、提高免疫力，並可抑制多種病毒和癌症產生。另含異黃酮，具有抑制生成癌細胞酵素活性的能力。堅果含豐富不飽和脂肪酸，亦能發揮抗氧化作用，抑制腫瘤細胞生長。

Q 喝五穀雜糧甜湯有助瘦身排毒？

五穀雜糧富含膳食纖維，可代謝腸道內的膽固醇，排出毒素；還具有維生素B_1，能消除疲勞、維持體力；維生素B_2則可代謝體內多餘脂肪，維持窈窕身材。

五穀雜糧中的鉀，具有利水利尿的功效，能代謝體內廢物與毒素；喝五穀雜糧煮成的甜湯，不僅能提供多種營養素，還能延緩血糖上升，有益瘦身。

大廚傳授甜湯美味祕訣

❶ 熬煮甜湯時，可用黃冰糖代替砂糖，不但甜味細緻，還能保留天然營養成分，用來製作甜湯更具養生效果。

❷ 用電鍋煮甜湯時，開關跳起後，勿急著把鍋蓋掀開；應該讓煮好的甜湯再燜一下，這樣甜湯的風味才會熟爛好喝。

營養師小叮嚀

❶ 五穀雜糧的膳食纖維含量豐富，腸胃不適或消化功能欠佳者，平日應逐量加入飲食中，以免加重症狀。

❷ 五穀雜糧雖具降血糖功效，糖尿病患者仍須注意食用量，以免攝取過多澱粉，造成身體負擔。痛風患者調配甜湯時，要降低豆類比例，避免尿酸增高。

❸ 豆類吃多容易脹氣，堅果種子熱量較高，兩者皆須控制食用量。

美味知識小專欄

❶ 五穀雜糧製成甜湯後，香甜濃郁、順口好喝，適合老年人或小孩消化吸收，也是最符合忙碌現代人的養生料理。

❷ 堅果種子不易消化，除了食用時可多加咀嚼外，亦可搭配其他食材一起烹煮，更能幫助人體吸收營養素。

幫助消化＋活血通乳

青木瓜甜湯

熱量 414 大卡

材料：青木瓜 200 克，花生 40 克
藥材：紅棗 2 顆
調味料：冰糖 1 大匙
作法：
① 青木瓜洗淨，去皮和籽，切塊。
② 所有材料、藥材、調味料和水放入內鍋。
③ 外鍋加 1 杯水，煮至開關跳起即可。

滋補功效
木瓜含有可分解蛋白質的酵素，能使腸胃正常運作，預防便祕；且富含維生素C，能抗老化、預防癌症。紅棗具有補養氣血的作用。

溫熱身體＋活血化瘀

薑汁紅豆湯圓

熱量 457 大卡

材料：小湯圓 100 克，紅豆 75 克，老薑 1 塊
調味料：糖 1 小匙
作法：
① 紅豆洗淨泡水一夜，隔天撈出瀝乾；老薑洗淨拍碎。
② 小湯圓放入滾水中，煮至浮起。
③ 將作法 1 和水放入內鍋，外鍋加 2 杯水。
④ 煮至開關跳起，放入作法 2，再加糖調味即可。

滋補功效
紅豆有利水、消腫的作用。老薑除了幫助紅豆利水外，其溫中的效果更是明顯，用於活絡氣血、溫中袪寒的功效更佳。

補充營養＋健胃整腸

八寶粥

熱量 2301 大卡

材料：糙米、白米各50克，圓糯米20克，
紅豆、花生仁、桂圓肉、雪蓮子各50克，
綠豆、薏仁、花豆、蓮子各40克

調味料：冰糖50克，二號砂糖80克，紹興酒20c.c.

作法：
1. 材料（桂圓肉、雪蓮子除外）洗淨泡水，泡紅豆水留用。
2. 所有材料和水放入內鍋，外鍋加2杯水。
3. 煮至開關跳起，放入調味料和泡紅豆水。
4. 外鍋再加2杯水，煮至開關再次跳起即可。

滋補功效
此道粥品富含膳食纖維、多種維生素、胺基酸和礦物質，不僅可以作為能量補充的粥品，更是產後最佳的營養補充粥食。

清腸排毒＋潤肺生津

甜薯銀耳湯

熱量 **621** 大卡

材料：番薯120克，乾白木耳4朵
藥材：枸杞10克
調味料：糖2小匙
作法：
1. 番薯洗淨，去皮切塊；乾白木耳洗淨泡軟，剝小塊。
2. 所有材料、藥材和水放入內鍋，外鍋加1杯水。
3. 煮至開關跳起，加糖調味即可。

滋補功效

番薯富含維生素B群，可增加血管彈性、降低膽固醇；膳食纖維則可促進腸胃蠕動，改善便祕。白木耳富含膠質，是天然的美容聖品。

潤膚滋陰＋延緩衰老

百合銀耳湯

熱量 118 大卡

材料：百合、紅棗各 10 克，乾白木耳 30 克
調味料：冰糖適量
作法：
1. 乾白木耳以清水泡發；百合、紅棗洗淨。
2. 所有材料和水放入內鍋，外鍋加 1 杯水。
3. 開關跳起後，加冰糖拌勻即可。

滋補功效
百合、白木耳均有滋陰清肺的作用，而百合更有清心安神、健脾和胃的功效，此道湯品適合病後和食慾不振的人食用。

幫助消化＋健腸蠕動

雙耳冰糖飲

材料：乾黑木耳、乾白木耳各 20 克
調味料：冰糖 1 大匙
作法：
1. 乾黑木耳、白木耳泡發，洗淨去蒂。
2. 所有材料和水放入內鍋，外鍋加 2 杯水。
3. 開關跳起後，加冰糖拌勻即可。

熱量 146 大卡

滋補功效
白木耳色白入肺，有滋陰潤肺作用，黑木耳色黑入血，是很好的補血食物，兩者均富含多醣體與膠質，可幫助血液循環順暢。

降壓防癌＋養陰潤肺

冰糖雪耳蓮藕

熱量 222 大卡

材料：泡發白木耳、蓮藕片各150克
調味料：冰糖1大匙
作法：
1. 所有材料和水放入內鍋，外鍋加1杯水。
2. 開關跳起後，加冰糖拌勻即可。

滋補功效

白木耳有益胃生津、養陰潤肺的功效，對高血壓等心血管疾病，也有輔助療效。蓮藕健脾開胃，是各年齡層補養脾胃的最佳食物。

滋陰養血＋安神助眠

黨參紅棗蓮子湯

熱量 **439** 大卡

材料：蓮子 100 克
藥材：黨參 20 克，紅棗 20 顆
調味料：糖 1 大匙

作法：
1. 蓮子洗淨，泡軟。
2. 所有材料、藥材和水放入內鍋，外鍋加 1 又 1/2 杯水。
3. 煮至開關跳起，加糖調味即可。

滋補功效
蓮子有清心補脾的功效，且其鈣、鎂離子含量豐富，可以穩定、鬆弛緊繃的神經，緩和情緒，是很好的養心安神食材。

改善貧血＋益智健腦

紅豆番薯湯

熱量 410 大卡

材料：番薯200克，紅豆20克，黑豆10克
調味料：糖1大匙
作法：
❶ 材料洗淨。紅豆、黑豆分別泡水4小時；番薯去皮切塊。
❷ 所有材料和水放入內鍋，外鍋加1杯水。
❸ 煮至開關跳起，加糖調味即可。

滋補功效
紅豆富含蛋白質、維生素B群及鐵質，有助於消腫、改善貧血症狀。黑豆中的不飽和脂肪酸，能降低膽固醇；卵磷脂則能益智健腦。

養血安神＋增強腦力

紅棗桂圓湯

熱量 228 大卡

材料：乾黑木耳、乾白木耳各15克，桂圓30克
藥材：紅棗10顆
調味料：糖2大匙
作法：
❶ 材料洗淨。乾黑木耳、乾白木耳泡軟撕小朵。
❷ 所有材料、藥材和水放入內鍋，外鍋加1杯水。
❸ 煮至開關跳起，加糖調味即可。

滋補功效
桂圓富含維生素A、B_1、葡萄糖等營養成分，能保健視力、活化腦細胞。紅棗含有多種礦物質，具有補中益氣、養血安神的功效。

提振食慾＋滋補脾胃

雞蛋紅糖小米粥

熱量 **345** 大卡

材料：小米30克，白米10克，雞蛋1顆
藥材：枸杞5克
調味料：紅糖1大匙
作法：
1. 白米、枸杞洗淨，泡水瀝乾。
2. 材料（雞蛋除外）、藥材、水放入內鍋，外鍋加1/2杯水。
3. 煮至開關跳起，打入雞蛋，外鍋加1杯水，待開關再次跳起，加紅糖調味即可。

滋補功效

小米具有滋養腎氣、健脾和胃之效；其色胺酸含量高居穀類之冠，有助提升睡眠品質。枸杞則能發揮滋陰補血、清肝明目的作用。

益氣補血＋明目暖胃

香甜枸杞酒釀蛋

熱量 **404** 大卡

材料：甜酒釀90克，雞蛋2顆
藥材：枸杞20克
調味料：糖2大匙
作法：
1. 雞蛋洗淨打散；枸杞洗淨，泡水瀝乾。
2. 將甜酒釀和水放入內鍋，外鍋加1杯水。
3. 開關跳起後淋入蛋汁，加糖調味，撒上枸杞即可。

滋補功效

酒釀具有生津益氣、活血止痛的功效。雞蛋有助於補肺養血、滋陰潤燥。此道甜湯能強身、暖胃，是女性食療保健佳品。

補血養顏＋消炎止痛

南瓜牛奶西米露

熱量
395 大卡

材料：南瓜300克，西谷米20克，牛奶100c.c.
調味料：糖30克
作法：
① 西谷米和水放入鍋中煮熟。
② 南瓜去皮洗淨，蒸熟，壓成泥狀。
③ 南瓜泥、西谷米和水放內鍋，外鍋加1/2杯水，開關跳起後放涼，加入糖、牛奶拌勻即可。

滋補功效

南瓜富含維生素、礦物質，能調節免疫系統、促進生長發育；鋅是參與人體新陳代謝過程的重要成分。牛奶則能滋潤腸道，補充鈣質。

祛寒活血＋化瘀止痛

黑糖老薑地瓜湯

熱量 227 大卡

材料：老薑 30 克，地瓜 100 克，水 800c.c.
調味料：黑糖 30 克
作法：
1. 地瓜去皮洗淨、切塊；老薑去皮洗淨、切片。
2. 作法1和水放入內鍋，外鍋加1杯水。
3. 煮至地瓜鬆軟，加黑糖調味即可。

滋補功效
老薑主要的作用是發汗、祛風、散寒、開胃。黑糖含有多種微量礦物質，且有溫中補虛的作用，兩者合用，具有祛寒止痛功效。

安神補血＋紓解壓力

蓮子百合紅豆沙

熱量 843 大卡

材料：紅豆 150 克，蓮子 50 克，乾百合 20 克，水 1000c.c.
調味料：糖 30 克
作法：
1. 紅豆洗淨，浸泡一晚；蓮子、百合洗淨，浸泡半個小時。
2. 紅豆和水放入內鍋，外鍋加2杯水。
3. 開關跳起後，放入蓮子和百合，外鍋加1/2杯水。
4. 待開關再次跳起，加糖調味即可。

滋補功效
百合具有養心安神、潤肺止咳的功效，可治療失眠多夢、煩躁不安。蓮子有清心補脾的作用，適合心肺火旺、失眠的人食用。

疏肝清熱＋消炎止痛

紅豆蓮藕紫米粥

熱量 **312** 大卡

材料：紫米、紅豆、蓮藕各30克，白米20克，水800c.c.

調味料：糖30克

作法：
1. 紅豆、紫米洗淨，浸泡一晚；蓮藕去皮洗淨，切片。
2. 作法1、白米和水放入內鍋，外鍋加1杯水。
3. 煮至開關跳起，加糖拌勻即可。

滋補功效

紫米不僅是全穀類，含有豐富的膳食纖維與維生素B群，鐵含量更是穀類中較高者；另含花青素，是抗氧化、延緩衰老極佳的植化素。

【營養師推薦】

健康明星食材大推薦

牛蒡

【特色】含木質素,能幫助排毒;菊醣能控制血糖,有助於預防糖尿病。

【選購】直徑2公分,筆直根鬚少、無裂痕者。

番薯

【特色】富含膳食纖維,可促進腸道蠕動、預防便祕,使壞膽固醇排出。

【選購】形體飽滿平滑,顏色均勻,孔少且淺,無發芽者。

山藥

【特色】含黏液蛋白,可維持血管彈性、降血糖,減少皮下脂肪沉積。

【選購】不乾枯,無鬚根,表面光滑完整,顏色均勻者。

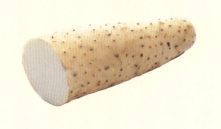

紅蘿蔔

【特色】含維生素A,可維持視力正常;β-胡蘿蔔素能清除自由基、對抗腫瘤。

【選購】外表勻稱結實,色澤橙紅,表皮光滑無鬚根者。

洋蔥

【特色】含硫化合物,能降血糖;槲皮素能防癌、抗老。
【選購】外表光滑完整,無裂傷者。

苦瓜

【特色】含類奎寧,能提高免疫力;苦瓜苷有益於開胃健脾。
【選購】瓜體硬實、表皮顆粒明顯。

玉米

【特色】含玉米黃素,能降低眼睛黃斑部病變的發生率。
【選購】玉米粒飽滿,排列整齊無空隙,果穗較長,無異味者。

南瓜

【特色】含豐富維生素A、β-胡蘿蔔素,能預防感冒、夜盲症。
【選購】外皮光滑堅硬,沒有坑洞,握在手上具有沉重感者。

番茄

【特色】含維生素C、茄紅素、β-胡蘿蔔素,可抗氧化、增強血管功能。
【選購】顏色均勻,外形圓潤,具沉重感者。

大白菜

【特色】含膳食纖維,有助消化排毒;另含有維生素C,可養顏美膚。
【選購】葉片包覆緊密結實、質地細緻、無斑點與腐壞者。

營養師推薦 健康明星食材大推薦

香菇

【特色】含有蛋白質，可促進生長發育、滋補強壯；多醣體有助提升免疫力。

【選購】菇傘肥且厚，內褶紋細小，表面有光澤，蕈軸短粗者。

金針菇

【特色】含豐富離胺酸和精胺酸，有助於提升學習力、加強記憶力。

【選購】顏色為白色或乳白色，菇傘小而密，傘頂結實，菇柄長短適中。

白木耳

【特色】含膳食纖維，可通腸利便、降低血膽固醇、改善動脈硬化。

【選購】顏色微黃，蒂頭小，無異味者。

黑木耳

【特色】含膠質（水溶性膳食纖維），能滋潤肌膚；鐵質有助預防貧血。

【選購】體大肉厚，外形完整，肉質光滑呈半透明狀者。

海帶

【特色】含膠質與膳食纖維，可以幫助排除體內膽固醇。

【選購】深褐色或綠色，葉寬而厚實，表面布滿白霜者。

紅豆

【特色】可消除浮腫；鐵質能改善貧血；鉀能排出多餘水分。

【選購】果粒外皮薄，富光澤，顆粒完整飽滿，顏色呈深紅色。

豆腐

【特色】含甾固醇、豆甾醇，均是防癌的有效成分。

【選購】應選質地緊實、自然有光澤的乳白色，形狀完整者。

薏仁

【特色】含水溶性纖維和鉀，能促進體內廢物代謝、利尿消腫。

【選購】外觀完整飽滿，顏色潔白無雜質者。

黑豆

【特色】含維生素A，有益乾眼症保養；高鉀成分可幫助利尿、降血壓。

【選購】顆粒飽滿，大小均勻，顏色烏黑光亮，無蟲蛀者。

蓮子

【特色】含β-穀甾醇，可調節腸胃功能、強健筋骨；蓮心鹼有益於強心。

【選購】乾蓮子顆粒大且均勻，完整飽滿；鮮蓮子呈象牙黃色。

中醫師介紹 燉補常用藥材小百科

溫性藥材

人參　補益元氣的藥王

功效

益智安神、強心溫腎、調節免疫力、抗衰防老，能夠降低膽固醇、改善脾腎虛寒。

熟地黃　滋養強壯的補藥

功效

滋陰補血、養肝明目、烏潤秀髮，能改善貧血、腰膝痠痛、失眠、調治慢性腎臟炎。

紅棗　補血的強壯劑

功效

滋陰補血、健胃養脾、調經護肝，能改善失眠、舒緩更年期症候群。

川芎　抗栓塞的活血藥

功效

抗菌活血、祛風燥溼、化瘀止痛，能舒緩感冒、防治心血管疾病。

陳皮　鎮咳祛痰的健胃藥

功效

止咳化痰、補脾潤肺、健胃整腸，能調治消化不良、治療感冒咳嗽。

溫性藥材

黃耆 溫補益氣的常用藥

功效

補血益氣、健脾補胃、利尿消腫，能降血糖、改善傷口不癒、氣虛。

當歸 調經的婦科良藥

功效

調經止痛、活血保肝、潤澤肌膚，能治療跌打損傷、預防動脈硬化。

杜仲 降血壓的壯陽藥

功效

補肝益腎、強壯筋骨、安胎利尿，能改善腰膝痠痛、關節疼痛。

桂圓 滋養安神的抗老藥

功效

潤肺止咳、養血安神、開胃止瀉，能調治便血體虛，改善神經衰弱。

熱性藥材

肉桂 活血溫經的止痛藥

功效

活血通經、解熱健胃、鎮靜止痛，能消除脹氣、改善四肢冰冷、腰膝痠痛。

中醫師介紹 燉補常用藥材小百科

微寒性藥材

西洋參　涼補肺陰的補氣藥
功效
補肺降火、養胃生津、清熱健腦，能消除疲勞、潤膚、提升免疫力。

麥門冬　清心潤肺的降壓藥
功效
潤肺益胃、生津止渴、清心降壓，能改善冠心病、急慢性支氣管炎。

沙參　潤肺養陰的活血藥
功效
滋陰清肺、止咳祛痰、潤燥生津，能改善便祕、促進血液循環。

百合　潤肺止咳的安神藥
功效
止咳化痰、潤肺清熱、清心安神，能改善失眠、便祕、防治肺結核。

平性藥材

阿膠　補血安胎的婦科藥
功效
促進代謝、止血安胎、滋陰補血，能舒緩無痰乾咳、改善失眠與心悸。

平性藥材

淮山 強身健體的補氣藥

功效

止咳化痰、益肺補腎,能改善虛弱體質、促進荷爾蒙分泌。

甘草 潤肺解毒的補氣藥

功效

清熱解毒、消炎止痛、生津止渴,能舒緩腸胃不適、預防特定病毒。

黨參 補中益氣的補血藥

功效

補氣活血、滋陰強身、滋潤養顏,能生津、通血脈、補養五臟、改善食慾不振、消除疲勞。

茯苓 利水消腫的安神藥

功效

寧心安神、健脾保肝、美白抑菌,能抑制胃潰瘍、抗氧化、改善失眠症狀。

枸杞 藥性平和的補血藥

功效

明目養肝、潤肺止咳、美容滋陰,能抗衰老、抗自由基、降低膽固醇與血糖。

作　　者	李婉萍&康鑑文化編輯部
審訂推薦	陳世峰（中醫師）
營養分析	陳彥甫　陳琪菘（營養師）
出版統籌	鄭如玲
責任編輯	李冠慧
文字編輯	朱妍曦　鍾家華
編輯協力	曹茂珍　陳小瑋　楊蕙苓
封面設計	黃蕙珍
內頁排版	江榮璋　呂柔慧（曠然設計實業社）
編製企劃	康鑑文化創意團隊
投資出版	源樺出版事業股份有限公司
公司電話	（02）2268-8227
公司傳真	（02）2268-8856
公司地址	新北市土城區民權街7號
書店經銷	聯合發行股份有限公司
製版印刷	威鯨科技有限公司

著作權所有，本著作文字、圖片、版式及其他內容，未經本公司同意授權者，均不得以任何形式做全部或局部之轉載、重製、仿製、翻譯、翻印等，侵權必究。

人類智庫出版集團—VIP會員(讀者回函卡)

1. 你在何時購得這本書（**150道四季電鍋燉補**）：_____年_____月
2. 你在何處購得本書：□書店 □網路書店 □賣場 □其他
3. 你從哪裡得知本書的消息：
   □書店 □報章雜誌 □廣播節目 □網路資訊 □書籍宣傳品
   □親友介紹 □電視節目 □其他
4. 你購買本書的動機：(可複選)
   □對主題及內容感興趣 □工作需要 □生活需要 □自我進修
   □內容為流行熱門話題 □其他
5. 你喜歡這本書的：(可複選)
   □內容題材 □字體大小 □文筆 □封面 □編排方式
6. 你認為本書的封面：□非常出色 □普通 □不起眼 □其他
7. 你認為本書的編排：□非常出色 □普通 □不起眼 □其他
8. 你通常以那些方式購書：
   □逛書店 □書展 □網路書店 □團體訂購 □劃撥郵購
9. 你喜歡閱讀那類的書籍：
   □旅遊 □健康養生 □生活休閒 □美容保養 □散文小說 □歷史
   □勵志 □工商企管 □史地哲學 □人文傳記 □飲食烹調 □其他
10. 你對本書的建議：
    _____
    _____
11. 你對本出版社的建議：
    _____

讀者小檔案

姓　　名：_____ 性別：□男 □女 生日：____年____月____日
年　　齡：□20歲以下 □21~30歲 □31~40歲 □41~50歲 □50歲以上
職　　業：□學生 □軍公教 □大眾傳播 □服務業 □金融業 □自由業
　　　　　□家管 □退休 □資訊業 □其他
學　　歷：□國小 □國中 □高中 □大學 □研究所
通訊地址：_____
電　　話：(H)_____ (O)_____ 傳真：_____
行動電話：_____ E-mail：_____

☆謝謝你購買本書，期待你的支持與建議，也歡迎你加入我們的會員，請上人類官網www.humanbooks.com.tw，你將不定期收到最新優惠圖書資訊及電子報，經登錄成為VIP會員者，每一年均可免費參與中西名醫作者的對談講座，機會難得，敬請把握！

對折線

請對折裝訂，貼郵票寄回即可。

郵票
黏貼處

231新北市新店區民權路115號5樓
人類智庫出版集團　收